우리는 아이들을 위하여 미래를 만들 수는 없지만,
미래를 위하여 아이들을 준비시킬 수는 있다.
미국 대통령 프랭클린 루즈벨트 Franklin Roosevelt

교육은 미국을 위대하게 만들었다. 교육을 간과하면 모든 것이 되돌아갈 것이다.
노벨 경제학상 수상자 폴 크루그먼 Paul Krugman

당신이 날 수 없다면 뛰어라. 뛸 수 없다면 걸어라. 걸을 수 없다면 기어라.
무슨 일이 있어도 계속 나아가라.
노벨 평화상 수상자 마틴 루서 킹 주니어 Martin Luther King Jr.

직업은 나를 더 좋은 엄마로 만들었다. 내가 꿈을 실현해나가는 모습을 통해
두 딸에게 어떻게 하면 자신의 꿈을 추구하며 살 수 있는지 보여줄 수 있었다.
전 영부인 미셸 오바마 Michelle Obama

대부분의 것들은 선하며, 선은 강하다. 그러나 세상엔 악도 있다.
현실로부터 아이들을 보호하려고만 하진 말아라. 우리가 가르쳐야 하는 가장 중요한 것은
그럼에도 선은 항상 악을 이긴다는 것이다.
월트 디즈니 Walt Disney

어제를 통해 배우고, 오늘을 살아가며, 내일을 꿈 꿔라.
가장 중요한 것은 질문을 멈추지 않는 것이다.
알버트 아인슈타인 Albert Einstein

아무리 차분하게 심판을 보려 해도 육아는 이상한 행동을 하게 만들 것이다.
나는 지금 아이들에 대해서 이야기하는 게 아니다. 아이들의 행동은 항상 정상이다.
코미디언 빌 코스비 Bill Cosby

나는 실패하지 않았다. 1만 가지의 되지 않는 방법을 알아냈을 뿐이다.
발명가 토마스 에디슨 Tomas Edison

모든 성공은 하고자 하는 결단에서 시작된다.
미국 대통령 존 F. 케네디 John F. Kennedy

당신이 실수하지 않았다면 그만큼 어렵지 않은 일을 한 것이다. 그것이 문제다.
노벨 물리학상 수상자 프랭크 빌체크 Frank Wilczek

성공이란 당신이 얼마나 많은 돈을 벌었는지가 아니라
얼마나 많은 사람의 삶을 달라지게 만들었는지에 달려 있다.
전 영부인 미셸 오바마 Michelle Obama

아이가 생겼다고 아버지가 되진 않는다.
자녀를 키우겠다는 용기가 당신을 아버지로 만든다.
미국 대통령 버락 오바마 Barack Obama

영웅이란 자유에 따르는 책임을 아는 사람이다.
노벨 문학상 수상자 밥 딜런 Bob Dylan

당신이 할 수 있는 최고의 투자는 자신에게 하는 것이다.
더 많이 배워라. 더 많이 얻을 것이다.
워런 버핏 Warren Buffet

성공한 사람의 입술엔 두 가지가 있다. 침묵 그리고 미소.
페이스북 창시자 마크 저커버그 Mark Zuckerberg

한 나라의 의료 시스템이 얼마나 훌륭한지 알기 위해선
그 나라 엄마들의 건강 상태를 보면 된다.
정치인 힐러리 클린턴 Hillary Clinton

나는 시험에서 몇 문제를 틀렸고, 내 친구는 모두 맞았다.
지금 그 친구는 마이크로소프트의 엔지니어이고,
나는 마이크로소프트의 소유주이다.
마이크로소프트 창업자 빌 게이츠 Bill Gates

최고의 부모가 되는 방법은 자녀에게 좋은 본보기가 되는 것이다.
배우 드류 베리모어 Drew Barrymore

다른 사람을 돕는 일은 아름답다. 온 마음을 다해 스스로 기쁘게 할 때 그렇다.
노벨 문학상 수상자 펄 벅 Pearl Buck

진정성이란 옳은 일을 하는 것이고,
아무도 당신이 그 일을 했는지 안 했는지 모른다는 것을 아는 것이다.
오프라 윈프리 Oprah Winfrey

다양성을 수용하고 가치관을 심어주는

미국 엄마의 힘

− 다양성을 수용하고 가치관을 심어주는 −

미국 엄마의 힘

김동희 지음

황소북스

다양성을 수용하고 가치관을 심어주는
미국 엄마에게 배워야 할 것들

기자라는 직업은 육아를 취재 현장으로 만들었다.

아이가 태어나던 해, 나는 뉴욕에서 경제·금융 기사를 쓰던 기자였다. 한국에서 미국으로, 서부 LA에서 동부 뉴욕으로 옮겨 다니며 계속 신문사에서 일했다. 덕분에 다양한 분야에서 많은 경험을 했다고 생각했는데, 착각이었다.

육아 현장은 취재 현장만큼 치열했다. 못 자고, 못 먹고, 그래도 해내야 했다. 모르는 것이 많았고, 궁금한 것은 더 많았다. 육아라는 낯선 부서에 홀로 버려진 것 같았다. 마음을 고쳐먹었다. 자녀교육 전문 기자가 되어보기로 했다. 기사는 언제나 질문에서 시작한다. 나의 육아는 미국 엄마와 무엇이 다를까. 미국 엄마의 힘은 무엇일까.

답을 찾기가 쉽지 않았다. 미국 엄마들의 자녀양육법은 다 달랐다. 육아 방법도, 육아 이론도, 교육철학도 한마디로 정의하기 어려웠다. 미국 부모들의 수면 교육을 소개한 기사는 "56가지 수면 교육법을 분석한 결과…"라는 문장으로 시작하고 있었다. 처음엔 미국 육아, 미국 자녀교육의 핵심은 다양성이라고 생각했다.

그래도 뭔가 부족한 느낌이었다. 예전엔 미국을 멜팅 팟(Melting Pot)이라 불렀다. 모든 것이 녹아 있는 용광로처럼 다양한 문화가 융합되어 미국을 만들었다는 뜻이다. 요즘은 미국을 샐러드 볼(Salad Bowl)이라 부른다. 신선한 재료들이 고유의 맛과 모양을 유지한 채 어우러져 있다는 의미다. 미국이라는 샐러드 볼이 다양한 재료를 담고 있다면, 그 그릇은 무엇으로 만들어졌는지 알고 싶었다.

그 답을 우연히 찾았다. 유치원에 다니는 딸아이가 성적표를 받아왔다. 첫 문장은 이렇게 시작했다.

"아이가 좋은 시민으로 성장하고 있습니다."

한국 엄마에겐 성적표에 쓰여 있는 '시민'이라는 단어가 낯설었다. 시민을 키워드로 미국 교육부 홈페이지에서 '자녀가 책임감 있는 시민으로 자라도록 돕는 방법'이라는 자료집을 찾았다. 머리말에는 다음과 같은 설명이 있었다.

"부모가 해야 하는 가장 중요한 일은 자녀에게 평생 의지할 수 있는 가치(Value)와 능력(Skill)을 심어주는 것이다. 부모가 이를 도와준다면 그 자녀는 한 개인으로, 지역 사회 일원으로, 그리고 미국 시민으로 행복한 삶을 살아갈 수 있다."

미국 엄마들이 가족 가치관을 정립하고, 가족 규칙을 세워 훈육하고, 세상을 사는 데 필요한 여러 가지 능력과 기술을 가르치는 이유가 여기에 있었다. 미국 엄마에겐 자녀가 평생 의지해야 하는 대상이 부모도, 친구도 아니다. 삶의 기준이 되는 확고한 가치관과 삶을 영위할 수 있는 다양한 능력이다. 미국 엄마들은 공부도 인생을 사는 데 필요한 다양한 라이프 스킬 중 하나로 여길 뿐이다.

일방적으로 가르치는 것도 아니다. 아이가 할 수 있도록 부모는 곁에서 돕는다. 수면 교육을 하는 것도, 이유식으로 핑거 푸드를 주는 것도, 콰이어트 타임을 하는 것도, 집안일을 시키는 것도 모두 어릴 때부터 스스로 할 수 있는 힘을 키워주기 위해서다. 아이가 해낼 수 있다고 믿기에 부모는 이를 지켜보고, 기다려주고, 격려하고, 도와준다. 아이들은 이 과정에서 자립심을 키우고 책임감을 배운다. 미국 엄마는 본인이 이렇게 컸고, 자녀도 이렇게 성장하도록 돕는다.

그리고 이 모든 일을 엄마 혼자서 하지 않는다. 가정과 학교와 사회는 모두 협력 관계다. 학교는 지식 교육과 더불어 인성 교육에 힘쓴다. 사회 구성원도 다양한 사회적 지원을 통해 아이가 안전하게, 좋은 시민으로 자라도록 돕는다. 남편은 가정을 함께 꾸려나가는 파트너. 경제 활동, 육아, 가사를 남녀의 일로 나누는 것이 아니라 서로 잘하는 부분을 분담해서 한다고 생각한다. 미국에서는 엄마라는 짐이 훨씬 가볍다.

미국은 넓다. 서부 대도시 LA에서 동부 대도시 뉴욕까지 비행기를 타면 6시간, 자동차로 쉬지 않고 달리면 약 41시간이 걸린다. 시차도 3시간이나 난다. 한국에서 시차가 3시간 나는 곳엔 미얀마, 방글라데시가 있다.

LA에서 11년, 뉴욕 인근의 뉴저지주 프린스턴에서 5년을 살았다. 미국을 안다고, 미국 엄마들을 안다고 말하기엔 여전히 부족하다. 특히 미국은 연방 국가이기 때문에 주마다 다른 점이 많다. 글 쓰는 동안 이 부분이 가장 부담스러웠다. 미국이라는 큰 나라를 하나의 틀 안에 넣기 어려웠다.

　　그래도 가능하면 많은 정보를 객관적으로 담으려고 노력했다. 무엇보다 '미국 엄마의 힘'이 남의 나라 이야기로 끝나지 않길 바랐다. 미국 엄마들에게 배운 다양한 자녀양육법 중 실생활에 적용할 수 있는 것들을 소개했다. 도움이 되길 바란다.

　　육아로 힘들 때 미국 친구들이 자주 해준 말이 있다. "You are enough(지금으로 충분하다)." 조금 더 노력하고, 조금 더 잘 해야 할 것만 같았던 삶에 큰 위로가 됐다. 더 좋은 엄마가 되기 위해 이 책을 폈다면, 이 말을 가장 먼저 전하고 싶다.

　　"You are enough, good enough mom(당신은 충분합니다. 충분히 좋은 엄마입니다)."

　　한국 엄마라는 이름으로 우린 지금까지 충분히 열심히 살았다. 지금 이 순간, 우리 모두가 스스로에게 'good enough'라고 말해줄 수 있으면 좋겠다. 그렇게 이 책이 누군가에겐 정보가, 누군가에겐 위로가 되길 바란다.

2018년 겨울
미국 LA에서, 김동희

4부. 미국을 세계 최강국으로 만드는 엄마들의 힘

5부. 한국 엄마가 미국에서 아이를 키운다는 것

부록

미국 육아에 대한 궁금증 10가지

The Power of American Mother

미국 엄마들은
출산 전 무엇을 준비할까?

'Pregnant'

미국에는 글씨로 임신을 알려주는 테스트기가 있다. 사용 방법은 한국에 있는 '두 줄 테스트기'와 같다. 임신이면 작은 화면에 'Pregnant', 임신이 아니면 'Non Pregnant'라고 뜬다. 임신이면 웃고 있는 스마일 얼굴, 임신이 아니면 무표정한 동그란 얼굴이 생기는 테스트기도 있다. 임신 테스트기부터 개인 취향별로 선택할 수 있다.

미국에선 많은 순간 '선택의 자유(Freedom of Choice)' 앞에 놓인다. 임신 테스트기 선택부터 출산 방법, 육아용품, 육아 방법, 더 나아가 아이의 유치원과 학교 등을 계속 선택해야 한다.

한국 엄마들도 마찬가지라고 말하겠지만, 미국 엄마들이 직면하는 선택의 폭과 종류는 상상 그 이상이다. 개인의 자유가 중요한 미국에선 개인의 취향을 존중하며, 이는 곧 선택의 자유를 통해 너와 나의 다름을 인정하는 '다양성(Diversity)'으로 표현된다.

그래서인지 미국에는 '국민 유아차'나 '국민 장난감' 등으로 부를 만한 '국민 육아용품'이 없다. 나라 자체가 넓다 보니 사는 지역에 따라 선호하는 유아차가 다르다. 대중교통 이동이 잦은 동부의 뉴요커(New Yorker: 뉴욕에 사는 사람) 엄마는 가볍고 사용이 편리한 유아차, 자동차로 움직이는 서부의 앤젤리노(Angelino: LA에 사는 사람) 엄마는 무겁더라도 안전한 유아차를 선호한다. 같은 종류일 수 없다.

그 때문에 미국엔 수백 가지 육아용품 정보를 총망라한 육아 백과사전이 있다. 《베이비 바겐스(Baby Bargains)》가 바로 그 책이다. 1994년 첫 출판 이후 지금까지 12차례 개정판을 낸 스테디셀러다. 육아용품을 종류에 따라 분류해서 부문별로 수십 가지 제품에 평점을 매기고, 리뷰를 적었다. 요즘은 인터넷 홈페이지(www.babybargains.com)와 페이스북(www.facebook.com/babybargains)으로도 정보를 제공하는데, 자신의 라이프스타일에 맞는 육아용품 정보를 얻기에 유용하다.

미국에서는 출산 방법도 부부, 특별히 산모가 정한다. 아기를 병원에서 낳을지, 집에서 낳을지. 병원에서 낳는다면 무통 분만 주사를 맞을 것인지, 아닌지. 미드와이프(Midwife)의 도움을 받을 것인지, 아닌지. 미리 생각해보고 그에 맞는 의료 기관을 찾아야 한다.

건강보험 종류에 따라 산모가 갈 수 있는 산부인과도 다르다. 한국처럼 정부가 운영하는 국민건강보험제도가 아니기 때문에 개인마다 가입한 건강보험의 종류도 각양각색이다. 보험에 따라 산모가 갈 수 있는 병원, 의사를 만날 때 내야 하는 진료비, 치료비, 약값 등이 달라진다.

현재 미국에서는 미드와이프와 함께 아기를 낳는 산모가 증가하는 추세다. ACNM(American College of Nurse-midwives)에 따르면 2014년 미국 병원에서 출생한 아이 중 8%는 미드와이프의 도움을 받았다. 2005년과 비교하면 11.1% 포인트 증가한 수치다. 병원이 아닌 곳에서 출산한 경우엔 31.4%

가 미드와이프와 함께했다. 2005년보다는 9.7% 포인트 증가했다.

특히 요즘은 자연주의적 출산에 관심이 높아지면서 병원에서 출산해도 무통 분만을 선택하지 않는 산모가 상당수다. 미국 질병통제예방센터(CDC)의 자료에 따르면 2008년 자연 분만한 산모 중 39%는 무통 분만 주사인 에피듀럴(Epidural)을 맞지 않은 것으로 나타났다.

미국 병원은 아기를 낳는 분만실과 회복실이 1인 1실로 이뤄져 있다. 병원이라는 차가운 느낌보다는 호텔 방같이 따뜻한 분위기로 꾸며져 있다. 보통 아기를 낳을 때는 분만실에 가족 중 1명이 들어갈 수 있다. 대부분은 남편이나 친정 엄마가 동행한다.

병원에 따라 다르겠지만 내가 출산한 프린스턴 대학병원 분만실엔 요가할 때 쓰는 커다란 고무공과 음악을 들을 수 있는 CD 플레이어가 준비되어 있었다. 산모의 긴장이나 진통 완화에 도움을 주기 위해서다.

한국에서 출산할 때 겪는다는 굴욕 3종 세트도 미국에는 없는 병원이 상당수다. 자연주의적 출산을 지향하기 때문에 되도록이면 인위적인 것은 피한다. 병원에 따라 산모가 원한다면 출산 과정을 지켜볼 수 있도록 다리 아래쪽에 큰 거울을 놔주기도 한다. 분만실에 남편이 있다면 모든 과정에 함께할 수 있으며, 아기의 탯줄도 자를 수 있다. 아기는 태어나자마자 엄마 품에 가장 먼저 안겨준다. 아기의 공식적인 첫 이름은 '베이비+성별+엄마 성'으로 표시한다. 예를 들면 엄마 성이 김씨인 아들이라면 '베이비 보이 김', 엄마 이름이 박씨인 딸이라면 '베이비 걸 박'이라고 써서 아기 침대에 붙여준다.

분만실에서 회복실로 옮기면 간호사는 모유 수유를 할 것인지, 분유 수유를 할 것인지 물어본다. 전적으로 엄마 선택에 달렸다. 분유 수유를 한다고 하면 병원에서 액상 분유를 제공한다. 모유 수유를 하면 이를 전문적으로 컨설팅하고 도와주는 랙테이션 컨설턴트(Lactation Consultant)가 병실로 찾아온다. 랙테이션 컨설턴트는 모유 수유 자세나 방법 등을 가르쳐주고 산모가 병원에 머무는 동안 계속 병실을 방문해 산모와 아기 상태를 점검한다. 퇴원한 후에도 모유 수유에 어려움이 있다면 아기가 태어난 병원에 의뢰하거나 거주 지역 인근의 랙테이션 컨설턴트를 찾아가 도움을 받을 수 있다.

미국 병원에서는 아기 엄마의 의사가 무엇보다 중요하다. 산모가 모유 수유를 결정하면 아기 생명이 위태로울 정도가 아닌 이상 간호사나 의사도 분유 수유를 권하진 않는다. 다시 말하면 모유 수유가 잘되지 않을 경우 분유 수유로 바꾸는 시점 또한 산모가 정해야 한다는 의미다. 첫 아기라 확신이 없다면 의사나 간호사에게 좀 더 적극적으로 조언을 구하는 것이 좋다.

한편 미국에서는 출산을 위해 병원에 가기 전 아기 이름과 소아과 주치의를 정해야 한다. 그리고 출산한 병원에서 퇴원하기 전 두툼한 서류 뭉치를 받는데, 이 중 출생신고서가 있다. 각종 서류에 아기 이름을 적어야 하고, 소아과 주치의 관련 정보도 기입해야 한다. 이를 끝내지 못하면 퇴원할 수 없다. 미국에서 태어난 아기는 부모의 국적과 상관없이 모두 미국 시민이 된다.

미국에는 산후조리원이 없기 때문에 퇴원 후 바로 집으로 온다. 보통 자연 분만은 2박 3일, 제왕절개 분만은 3박 4일 입원한다. 아기에게 황달이 있다면 엄마는 퇴원하고, 아기만 병원에 남아 치료를 받는다.

땅덩이가 워낙 넓다 보니 미국 엄마들은 결혼 뒤 친정이나 시댁 가까이 사는 경우가 드물다. 미국 엄마들도 '독박 육아' 상황에 놓인다. 그러나 한국의 '독박'과는 조금 다르다. 부부가 함께 아기를 돌보며, 가끔은 아기를 베이비시터에게 맡기고 부부가 데이트를 즐긴다.

그래서 미국 엄마들의 출산 전 체크 리스트엔 '베이비시터 면접'이란 항목이 꼭 들어 있다. 출산 후 집으로 돌아와 베이비시터를 구하려면 여러모로 어려운 점이 많기 때문이다. 전문가들은 출산 전 여유가 있을 때 여러 명을 면접 보고, 아기를 믿고 맡길 수 있는 후보를 2~3명 확보해둘 것을 권한다.

또한 미국 엄마들 주변엔 친정 엄마 대신 서포트 그룹(Support Group)이 있다. 이웃이나 종교 단체 등에서 평소 교제하는 주변 지인들을 말한다. 많은 경우 이 서포트 그룹에서 돌아가며 새 아기가 태어난 가족을 위해 음식을 만들어준다. 산모나 남편이 냉동 보관해 먹을 수 있는 파스타 종류나 단백질 함유량이 높은 콩을 재료로 한 수프 등이 주 메뉴다. 그릇은 돌려주지 않아도 되는 일회용을 사용한다. 새 생명의 탄생을 축하하는 작은 메모도 잊지 않는다.

지극히 개인적인 문화가 강한 미국이지만 주변에 힘들고 어려운 사람이 있을 때는 마음을 모아 돕는다. '독박'을 쓰지 않도록 주변에서 많은 신경을 써준다.

한국 엄마가 미국에서 홀로 육아하기란 쉽지 않을 수 있다. 친구나 가족이 없는 데다 수많은 선택의 기로에서 '멘붕'에 빠질지도 모른다. 그러나 이때가 기회다. 내가 먼저 도움이 필요하다고 손을 내밀면, 그 손을 잡아주는 사람을 만날 수 있다. 미국에서는 내게 도움이 필요한 순간, 바로 그때가 타인의 따뜻한 모습을 만날 수 있는 기회다.

미국 아기들은
3개월 일찍 태어난다?

미국 엄마들에겐 임신 4기(Fourth Trimester)가 있다.

일반적으로 미국에선 임신 기간을 9개월이라고 생각한다. 1990년대 초반, 〈나인 먼스(Nine Months)〉라는 영화가 흥행했다. 배우 휴 그랜트와 줄리앤 무어가 주연을 맡아 임신과 출산의 해프닝을 그려낸 작품이었다. 미국 샌프란시스코에서 촬영한 이 영화가 한국에 개봉했을 당시 많은 이들은 영화 제목이 '텐 먼스(Ten Months)'가 아닌 것을 의아해했다.

9개월의 임신 기간은 각각 3개월씩 1~3기로 나뉜다. 트라이메스터(Trimester)는 3개월이란 뜻으로 임신 1기는 1~12주, 2기는 13~27주, 3기는 28~40주를 말한다. 그렇다면 임신 4기는 언제일까. 아이가 태어난 후부터 3개월을 뜻한다.

육아 서적 베스트셀러 작가인 소아과 의사 하비 카프(Harvey Karp)는 저서 《동네에서 가장 행복한 아이(The happiest baby on the block)》에서 임신 4기의 중요성을 강조했다. 20여 년 넘게 미국 엄마들의 고민을 해결해주는 소아과 의사로 활동해온 그는 마돈나와 피어스 브로스넌 등 할리우드 스타들이 아이를 키울 때 곁에서 조언해준 '셀럽[Celeb: Celebrity(유명인)의 줄임말]들의 의사'로도 유명하다.

카프 박사가 출산 후 3개월을 임신 4기라고 칭한 까닭은 아이가 엄마 자궁에 있을 때와 비슷한 환경을 만들어주라는 의미에서다. 아기에게도 세상으로의 트랜지션 타임(Transition Time)이 필요하다는 뜻이다. 트랜지션 타임은 한국어로 직역하면 '이행 시간', 곧 '적응 기간'을 말한다.

미국에는 하나에서 다른 하나로 넘어갈 때 트랜지션 타임이 필요하다는 암묵적 동의가 있다. 어른도 이사나 이직할 때, 새로운 무언가를 배울 때, 어느 정도 적응 기간을 필요로 한다. 하물며 아이들에겐 이 시간이 더더욱 필요하다.

카프 박사는 저서를 통해 "아기들이 3개월 일찍 태어났다고 생각해라. 엄마 자궁과 세상은 너무 다르다. 낯선 세상으로 나온 아기들이 쉽게 적응할 수 있도록 5S를 해줘야 한다"고 설명한다. 카프 박사가 제안한 5S는 속싸개(Swaddle), 옆으로 안기(Side), 쉬~쉬 소리(Shushing), 흔들기(Swing), 빨기(Sucking)를 뜻한다.

엄마 심장 소리가 매일 들리던 좁은 자궁에서 세상 밖으로 나온 아이는 모든 게 낯설다. 울음으로 불안함을 드러내는 아기를 속싸개로 감싸주고, 엄마 배 속에 있을 때처럼 옆으로 안아주면 아이가 편안함을 느낄 수 있다는 이론이다.

입으로 쉬쉬 소리를 내거나 배 속에 있을 때처럼 흔들어주는 것도 도움이 된다. 임신 4기에는 빨기가 중요하기 때문에 아이가 원할 때 젖을 물려준다. 이 5S는 결국 엄마들이 가장 중요하게 생각하는 또 다른 S 바로 수면(Sleep)을 잘할 수 있는 방법과 연결된다.

이런 이유 때문에 미국 엄마들은 아기가 태어나면 아기 방을 엄마 자궁

속과 비슷한 환경으로 만들어주려고 노력한다. 검은색 커튼으로 초저녁 빛을 차단하고, 백색소음기로 엄마 배 속에서 듣던 심장 소리나 물소리를 들려준다.

카프 박사에 따르면 아기가 엄마 자궁 안에서 듣던 소리는 진공청소기로 청소할 때 나는 소리보다 크다. 조명등으로 최소한의 빛을 유지하고, 속싸개로 감싸주면 아기 방은 세상 속 엄마 자궁이 된다.

2016년 11월에는 카프 박사와 MIT 미디어 연구실, 스위스 디자이너 이브 베하(Yves Behar)가 5년간의 연구 끝에 아기 침대 스누 스마트 슬리퍼(SNOO Smart Sleeper)를 출시했다. 침대 안에 속싸개를 장착했고, 아기가 울면 침대가 저절로 흔들린다. 세상에 나온 아기가 처음 눕는 침대를 엄마 자궁 속과 비슷한 환경으로 구현해냈다. 아기의 불안을 줄여주고 울음도 달래주는 '똑똑한 침대'라는 평가를 받고 있다. 판매가는 1160달러(약 130만 원)로 착하진 않다.

미국 엄마들이 이렇게 임신 4기를 중요하게 생각하는 이유는 무엇일까?

첫째, 이 기간 동안 아기의 세상 적응을 도와줄 수 있다. 세상이라는 새로운 곳에 나온 아기가 갑자기 큰 변화를 겪지 않고 천천히, 자연스럽게 적응할 수 있는 기회를 만들어준다.

둘째, 아기의 불안감을 줄여줄 수 있다. 아기의 뇌는 여전히 발달 중이다. 익숙한 환경을 제공해 아이의 불안감을 줄이면 감정이나 두뇌 발달에도 긍정적 영향을 미칠 수 있다.

셋째, 아기의 수면을 도와줄 수 있다. 미국 엄마들은 처음 3개월 동안 아기에게 가장 중요한 것은 잘 자고, 잘 먹고, 잘 싸는 일이라고 생각한다. 엄마 자궁과 비슷한 환경에서 안정감을 느낀 아이는 스스로 진정하고, 자는 법을 배운다.

넷째, 아기의 신호에 민감하게 반응할 수 있다. 안정감을 느끼고 수면 패턴을 잡아가는 아기는 이유 없는 울음이나 짜증을 내는 경우가 상대적으로 적다. 엄마는 아기가 자신의 필요나 욕구 충족을 위해 보내는 신호를 한층 쉽게 알아차릴 수 있다.

다섯째, 아빠의 적극적 육아 참여가 가능하다. 엄마는 아이를 배 속에 9개월 동안 품고 있었지만 아빠는 다르다. 아빠와 아기는 친밀감을 느끼고 유대감을 만들어갈 기회가 없었다. 엄마 배 속과 비슷한 환경을 만들어놓으면 아빠도 그 공간으로 들어갈 수 있다. 아빠와도 편안하고 익숙한 분위기 속에서 시간을 보내며 친밀감과 유대감을 쌓을 수 있다.

결국 이 모든 노력은 신생아들의 첫 과제, 세상으로의 트랜지션 타임을 어떻게든 도와주기 위해서다. 아기는 임신 4기 동안 새로운 세상에 원만하게 적응하면서 감정적으로 행복하고 편안한 아이로 성장한다. 갓 태어난 아기도 한 명의 인격체로 대하며 배려하는 미국 엄마들의 지혜가 엿보이는 육아법이다.

핑거 푸드로
아이 주도 이유식을 하는 법은?

"이유식은 무슨 맛일까? 아직은 맛을 잘 모르는 것 같아요."

할리우드 스타 제시카 알바는 몇 년 전 딸 헤이븐의 이유식(Solid Food)을 시작하며 '트위터'에 사진 한 장을 올렸다. 아이의 처음을 기억하고 싶은 마음은 미국 엄마나 한국 엄마나 다르지 않은 것 같다.

이후에도 제시카는 여느 미국 엄마들처럼 헤이븐의 이유식 퓌레(Puree)를 만들었고, 가끔 '오늘의 이유식 메뉴'를 공개했다. 제시카가 헤이븐의 이유식에 자주 사용한 재료는 콩류인 렌틸(Lentil)이다. 미국에서 많이 사용하는 식재료로, 제시카의 표현을 빌리자면 "어느 재료와도 아주 잘 어울린다".

미국 엄마들은 제시카 알바처럼 퓌레로 이유식을 시작한다. 엄밀하게 말하면 퓌레 앞에 한 단계가 더 있다. 라이스 시리얼(Rice Cereal: 쌀가루)이다. 유아용품 전문업체 거버(Gerber)나 유기농 유아용품 회사로 유명한 얼스 베스트(Earth's Best) 등에서 제조하는 시판 이유식 중 한 가지다. 제시카 알바가 처음 공개한 사진(숟가락으로 이유식을 떠먹이는 모습)을 보고 '쌀가루로 이유식을 시작한 듯하다'는 추측이 나오기도 했다.

미국 엄마들이 사용하는 라이스 시리얼은 작은 상자에 들어 있다. 분유나 모유와 4대 1 비율로 묽게 섞어 아기에게 준다. 한국 이유식에서 쌀미음을 주는 것과 같다. 쌀미음 다음에 사과죽으로 넘어가는 것처럼 미국에서는 라이스 시리얼 다음에 퓌레를 먹인다.

퓌레란 영양가 높은 채소나 과일, 고기 등을 익힌 뒤 곱고 부드럽게 갈아서 만든 음식이다. 감자를 으깨 만든 매시포테이토(Mash Potato)를 상상하면 비슷하다. 여기에 라이스 시리얼을 섞어 주기도 한다. 아기에게 처음 먹이는 퓌레는 바나나나 아보카도, 사과 중 한 가지다.

생후 8~9개월쯤 되면 핑거 푸드(Finger Food)를 활용한다. 채소나 과일, 생선, 고기 등을 아이 스스로 집어 먹을 수 있는 형태로 자른 것을 말한다. 당근이나 사과, 브로콜리, 토스트 등이 가장 흔한 베이비 핑거 푸드다. 바나나, 아보카도 역시 큼직하게 썰어서 손으로 집어 먹을 수 있게 준다. 익힌 완두콩이나 렌틸, 사각형으로 자른 두부나 생선, 닭고기, 쇠고기 등도 미국 엄마들이 이유식에 자주 활용하는 핑거 푸드 메뉴다.

근래 한국에서도 '아이 주도 이유식(Baby Lead Weaning, BLW)'에 대한 관심이 높아지고 있다. 아이 주도 이유식이란 영국에서 처음 시작한 것으로, 숟가락을 쓰지 않는 것이 원칙이다. 서양 이유식의 시작인 퓌레를 숟가락으로 먹이는 대신 익힌 식재료를 작게 잘라서 준다. 아기가 식재료를 탐색하고, 본인이 주도적으로 들고 먹는 방식은 미국의 베이비 핑거 푸드와 비슷하다.

하지만 요즘 미국에서는 아이 주도 이유식을 대하는 반응이 엇갈리고 있다. 지지하는 엄마들이 있는 반면, 아기 목에 음식물이 걸려 질식 우려가 크다며 반대하는 목소리도 있다. 전반적으로 미국에서는 이유식 초기엔 안전하게 퓌레를 먹이고, 후반으로 갈수록 핑거 푸드를 활용해 셀프 피딩(Self-

Feeding)을 가르치는 혼합 방식이 인기다.

개인적 경험에 비춰보면 한국 엄마들에겐 영국식보다 미국 엄마처럼 핑 거 푸드를 활용한 셀프 피딩 이유식이 더 적합하다고 생각한다. 미음에서 죽 그리고 밥으로 넘어가는 한식 이유식을, 숟가락을 쓰지 않는 영국식으로 하 기란 쉽지 않기 때문이다. 대신 미국 엄마들처럼 핑거 푸드를 이유식에 활용 하면 아이 스스로 먹는 셀프 피딩을 할 수 있다.

한국 어른들이 하루 세끼를 모두 밥으로 먹지 않는 것처럼 아이들의 이 유식에도 미국식을 도입해보면 어떨까. 퓌레는 죽보다 훨씬 쉽게 만들 수 있 다. 예를 들어 사과 퓌레는 사과를 익혀서 블랜더에 갈면 끝이다. 사과죽을 만드는 시간과 비교하면 훨씬 간단하다.

8개월이 넘은 아기라면 사과를 길게 잘라서 직접 쥐고 먹을 수 있게 핑 거 푸드로 만들어줄 수 있다. 한식으로 이유식을 하려면 재료를 작게 잘라서 죽으로 끓이고 전으로 부쳐야 하지만, 미국식은 어른들 먹는 음식을 크기만 작게 잘라서 주면 된다. 미국 아이들은 10개월 정도 되면 작은 토스트, 삶은 브로콜리, 삶은 당근 스틱(stick: 길게 자른 것), 사과 스틱 등을 어른들과 같은 식탁에 앉아서 먹는다.

모든 식단을 미국 이유식, 미국식 핑거 푸드로 바꿀 순 없겠지만 하루에 한 끼 정도는 퓌레나 핑거 푸드로 간단하게 만들어보길 바란다. 엄마들은 이 유식 메뉴 고민을 줄일 수 있고, 아이는 셀프 피딩으로 성취감을 느낄 수 있 을 것이다.

1-4
미국 아기들은
언제까지 어디에서 잘까?

미국 병원에서 아기를 출산하고 이틀 후 교육을 받았다. 아기 안는 법, 목욕
시키는 법 등을 배웠다. 교육이 끝날 무렵 간호사가 물었다.

"아기를 어디에서 재울 건가요?"

여섯 커플 정도 있었는데 우리만 아시안이고 나머지는 다 백인이었다.
나와 남편은 크립(Crib: 아기 침대)이라고 답했는데, 나머지 미국 부모는 모두
배시넷(Bassinet: 요람)이라고 말했다. 그때 우리는 아기용품 중 배시넷이라는
게 있는 줄도 몰랐다.

미국 부모들은 전통적으로 출산하기 전 아기 방(Nursery)을 꾸민다. 그리
고 아기는 아기 방에서, 부모는 부부 방에서 자는 경우가 많았다. 그런데 10여
년 전부터 애착 육아(Attachment Parenting) 방식이 인기를 끌면서 아기와 같
은 방에서 자는 부모도 늘어나는 분위기다.

2016년 미국소아과협회(AAP)는 아기가 태어나면 최소 6개월은 한방에
서 자라는 새로운 지침을 발표했다. 영아돌연사신드롬(Sudden Infant Death
Syndrome, SIDS)를 방지하기 위해 6개월 정도는 같은 방에서 자는 게 좋다는
것이다. 그 전까지는 3개월 정도를 조언했었다.

새로운 발표가 나온 후 미국 엄마들의 반응이 인상적이었다. "같은 방에

서 아기를 데리고 자라는 기간이 6개월뿐이라니" 하고 생각하는 나와 달리 미국 엄마들은 "어떻게 6개월 동안이나 같이 자?", "부모의 잠은 어떻게 해?" 하는 반응을 보였다. 미국 공영 방송 NPR에서는 시청자 의견을 반영해 이 뉴스를 비중 있게 다뤘다. 대체로 "6개월은 너무 길다", "부모도 충분히 자야 건강한 생활을 할 수 있다"는 등의 의견을 내놨다.

미국에서 부모와 아기가 함께 자는 것을 보통 코-슬리핑(Co-Sleeping)이라고 한다. 같은 방에서 잠을 자더라도 침대를 같이 쓰면 베드-셰어링(Bed-Sharing), 아기 침대가 따로 있으면 룸-셰어링(Room-Sharing)이라고 한다.

전문가들은 어른과 아기가 같은 침대에서 자는 것은 가능한 한 삼가라고 조언한다. 나도 병원에서 간호사로부터 "같은 침대에서 자는 것은 매우 위험하다"는 이야기를 수없이 들었다.

2014년 AAP가 발표한 자료에 따르면 영아돌연사신드롬으로 사망한 아기 중 74%는 부모와 한 침대에서 잤다. 코-슬리핑을 하더라도 돌연사 위험이 있는 베드-셰어링은 절대 하지 말고, 아기만의 침대를 마련해주라는 게 전문가들의 조언이다.

어른 침대는 푹신하고 주변에 이불이나 베개 등의 침구가 많기 때문에 조금만 부주의해도 신생아의 코나 입이 침구에 가려 숨을 쉬지 못하는 상황이 발생할 수 있다. 밀워키시 보건국은 베드-셰어링의 위험성을 강조하기 위해 관련 포스터를 제작·배포했다. 아기가 어른 침대에 누워 있고, 그 옆에 아주 날카로운 칼이 놓인 사진이다. 그만큼 위험하다는 것을 강조한 포스터다. 밀워키시는 경제적으로 아기 침대를 구입할 형편이 안 되면 시 정부로 연락해달라는 문구도 써 넣었다.

분위기가 이렇다 보니 미국 엄마들도 베드-셰어링은 피하는 듯하다. 대신 몇몇 친구를 보면 애착 육아 등의 이유로 코-슬리핑 전용 아기 침대를 애용한다. 안전한 코-슬리핑을 강조하며 판매하고 있는 아기 침대는 크게 두 가지 모양이다. 하나는 아기 침대인 크립처럼 생겼는데 좀 더 작고 3면만 막혀 있다. 열린 쪽은 어른 침대에 붙여 밤중 수유 등을 편리하게 할 수 있다.

다른 하나는 작은 매트리스처럼 생겼는데 어른 침대 위에 설치한다. 보통은 부부 침대 사이에 놓아 공간을 구분한다.

이렇게 부모와 함께 자던 아기들은 3~6개월쯤 지나면 아기 방에서 따로 잔다. 어떤 부모는 처음부터 아기 방에서 혼자 재우고, 어떤 부모는 아기가 어느 정도 클 때까지 계속 코-슬리핑을 한다. 워낙 다양하지만 주변의 미국 친구들을 보면 아직까지는 아기를 따로 재우는 집이 많은 편이다.

독립된 공간, 독립된 방에서 스스로 자는 법을 배우는 미국 아이들은 1~3세 정도까지 아기 침대를 사용한다. 이후엔 사용하던 아기 침대의 한쪽 면을 떼어내 토들러 침대(Toddler Bed)로 쓰거나 1인용 어린이 침대를 새로 산다.

토들러 침대로 바꾸는 시기를 놓고 여러 가지 의견이 있는데, 전문가들은 가능하면 오래 아기 침대를 사용할 것을 권한다. 아기 침대는 네 면이 막혀 있기 때문에 아기들이 건강한 수면 습관을 들이는 데 도움이 된다.

단, 아이가 침대에서 벗어나려 하거나 실제로 침대를 타고 넘어오는 시기가 되면 토들러 침대로 바꿔주는 것이 좋다. 내 친구 중엔 아이가 돌이 지난 뒤부터 침대에서 나오려고 해서 한쪽 면을 떼어낸 경우도 있다. 무엇보다 안전이 최우선이기 때문이다.

베이비 샤워와
푸시 기프트는 무엇일까?

미국에는 임신부터 출산까지 산모를 위한 몇 번의 특별한 날이 있다. 젠더 리빌 파티(Gender Reveal Party)와 베이비 샤워(Baby Shower), 그리고 남편이 아내에게 주는 푸시 기프트(Push Gift)가 바로 그것이다.

먼저 젠더 리빌 파티. 말 그대로 아기의 성별을 발표하는 파티다. 미국에서는 임신 기간 동안 초음파 검사를 1~3회 정도 한다. 산부인과에는 초음파 기계가 없는 곳이 대부분이라 초음파를 전문으로 하는 병원에서 검사를 해야 한다. 임신 12주차와 21주차에 하는 것이 보통이다. 나는 아기가 너무 작아 32주차쯤에 한 번 더 했고, 내 친구 스테파니는 21주차에 한 번만 했다.

보통 21주차 초음파 검사에서 아기의 성별을 알 수 있다. 초음파 검사 담당자는 아기 성별을 알고 싶은지 물어보고, 부부의 의사에 따라 가르쳐주거나 비밀에 붙인다. 주변의 미국 친구들을 보면 대부분 아기가 태어나기 전에 성별을 알고 있다. 하지만 간혹 '서프라이즈'를 하고 싶다며 끝까지 알려고 하지 않는 친구도 몇 명 있었다.

젠더 리빌 파티는 21주째쯤 아기의 성별을 알게 됐을 때 여는 파티다. 요즘은 DNA 검사를 해서 이보다 더 일찍 알기도 한다. 파티를 하는 방법은 두 가지다. 부부가 가족과 친구들에게 아기의 성별을 알려주기 위해 파티를 열거나, 부부 대신 가족이나 친구가 성별을 먼저 알고 부부를 위해 파티를 열어주는 것이다.

파티를 열고 싶을 땐 초음파 검사 담당자에게 종이에 아기의 성별을 써 달라고 부탁한다. 부부가 직접 파티를 준비한다면 그 자리에서 성별을 확인하고, 친구나 지인이 파티를 준비하는 경우는 그 종이(일반적으로 봉투에 넣는다)를 파티 담당자에게 준다.

파티는 풍선이나 케이크를 가장 많이 사용한다. 아들이면 커다란 상자에 파란 풍선, 딸이면 분홍 풍선을 넣는다. 파티 당일 부부는 상자를 열어 아기의 성별을 확인할 수 있다. 젠더 리빌 파티용 케이크는 특별 주문한다. 케이크 중앙에 아들이면 하늘색, 딸이면 핑크색 크림을 넣는다. 겉은 하얀색 또는 노란색 크림으로 장식한다. 부부가 케이크를 자르면 중앙에 나오는 크림 색을 보고 아기의 성별을 알 수 있다.

부부가 파티를 준비해 손님을 초대하는 경우에도 방법은 비슷하다. 이때는 컵케이크를 가장 많이 쓴다. 아들이면 파란색, 딸이면 핑크색 크림을 컵케이크 속에 넣는다. 참석자들은 케이크를 먹으면서 아기의 성별을 알 수 있다.

이 밖에 종이 폭죽을 잡아당기거나 물총을 쐈을 때 나오는 색깔을 보고 아기의 성별을 아는 경우도 있다. 색깔 있는 실이 나오는 스프레이도 젠더 리빌 파티에 자주 쓰이는 소품이다.

아기의 성별을 알게 된 후엔 베이비 샤워 파티를 연다. 베이비 샤워는 가장 친한 친구나 가족 중 한 명이 예비 엄마를 위해 깜짝 파티로 개최하는 경우가 많다. 보통은 출산 2~3개월을 남겨둔 시점에 한다.

파티 참석자는 아기의 탄생을 축하하며 선물을 준비한다. 예비 엄마가 선물을 많이 받아 '샤워할 정도'라는 뜻에서 베이비 샤워라고 부른다. 결혼 전 예비 신부를 위해 여는 브라이덜 샤워(Bridal Shower)도 같은 의미다.

베이비 샤워는 보통 주최자의 집이나 레스토랑, 카페 등에서 연다. 아들이면 파란색, 딸이면 핑크색, 성별을 모르는 상태면 연두색이나 노란색, 흰색 등으로 꾸민다. 간단한 음식과 게임을 준비해 함께 시간을 보내며 아기의 탄생을 기다리는 파티다.

베이비 샤워 때 빠지지 않고 등장하는 것은 기저귀 케이크(Diaper Cake)이다. 아기 기저귀로 케이크 모양을 만들어 꽃이나 리본, 아기 장난감 등으로 장식해 선물한다.

기저귀로 자전거 모양을 만들어 인형을 얹거나 요람 또는 욕조 모양으로 만들어 선물을 넣어놓는 경우도 있다.

파티 주최자는 게임도 다양하게 준비한다. 예비 엄마의 배를 휴지로 감았을 때 몇 칸 정도 되는지 맞히는 게임, 아기 이유식을 맛보고 재료를 맞히는 게임, 눈을 감고 아기 얼굴을 예상해 그려보는 게임 등을 가장 많이 한다.

베이비 샤워가 끝나면 부부는 출산 준비 모드에 돌입한다. 이때 남편은 아내를 위해 푸시 기프트를 마련한다. 푸시 기프트는 푸시 프레전트(Push Present)라고도 하는데, 건강한 아기 출산과 아내에게 고마운 마음을 담아 주는 선물이다. 대부분은 출산 전에, 어떤 남편은 분만실에서 깜짝 선물로 주기도 한다.

할리우드 배우들이 출산 후 새로운 액세서리를 하고 나타난 경우는 대부분 푸시 기프트로 받은 선물이다. 푸시 기프트는 목걸이나 반지, 팔찌 등의 액세서리가 가장 인기다. 이니셜을 새기거나 아기의 탄생석이 있는 펜던트를 선택하기도 한다. 부부가 같이 여행을 가거나 아기 방에 필요한 가구를 사는 경우도 있다.

이처럼 미국에서는 임신을 하면 축하하는 날이 참 많다. 파티라고 꼭 화려하지도, 선물이라고 꼭 비싸지도 않다. 함께하는 시간과 함께하는 웃음에 의미를 둔다. 삶을 이렇게 즐길 수 있는지, 기념할 순간이 이렇게 많은지 미처 몰랐다. 미국 엄마들의 시선으로 세상을 보면, 행복한 순간이 참 많다. 경쟁이나 비교는 잠시 접어두고, 함께 축하하며 웃을 수 있는 여유. 더불어 살아가는 방법을 아는 미국 엄마들이 삶을 누리는 방법이다.

&A ──────────────────── 1-6

이가 빠지면
베개 밑에 넣어놓는 까닭은?

보통 만 6세부터 유치가 빠지고 영구치가 나기 시작한다. 미국 아이들은 빠진 치아를 베개 밑에 넣어놓고 잔다. 밤사이 이빨 요정(Tooth Fairy)이 온다고 믿기 때문이다. (이빨은 동물의 치아를 일컫는 말이지만, 국내에서는 Tooth Fairy를 '이빨 요정'으로 번역한 책이 많아 그대로 쓴다.)

미국 엄마들 사이에서 전해 내려오는 이야기에 따르면, 이빨 요정은 아이들의 치아로 만든 왕관을 쓰고 있다. 더 예쁜 왕관을 만들기 위해 아이들의 유치가 필요하고, 빠진 치아를 베개 밑에 넣어놓고 자는 아이를 찾아간다. 그리고 치아를 가져올 때는 아이에게 작은 선물을 남긴다.

그 선물은 대부분 현금이다. 부모는 아이들이 잠든 사이, 베개 밑에 있는 치아를 꺼내고 현금을 넣어둔다. 그러면 아침에 일어난 아이들은 이빨 요정이 자기 치아를 돈을 주고 사갔다고 생각한다. 그래서 치아가 빠진 아이를 보면 사람들은 "이빨 요정 만났니? 이빨 요정이 네 치아를 얼마 주고 사갔니?" 하고 묻는다.

그렇다면 과연 이빨 요정은 아이들의 치아를 얼마에 사갈까. 매우 단순하지만 많은 의미가 담겨 있는 질문이다. 이빨 요정이 남기고 간 돈은 결국 부모 주머니에서 나오는 것이기 때문에 '올해 아이들의 이가 얼마에 팔렸는가'는 미국 경제를 반영한다.

치과보험 전문 회사 델타 덴탈(Delta Dental)과 신용카드 회사 비자(Visa)는 매년 이빨 요정 설문 조사(Annual Tooth Fairy Survey)를 실시한다. 조사 기관이 두 곳이기 때문에 평균가가 다르게 나오는 해에는 그 이유를 놓고도 다양한 분석이 쏟아진다. 아이들의 상상 속 인물인 이빨 요정이 알고 보면 미국 경제를 대변하고 있는 것이다.

델타 덴탈에 따르면, 2016년 미국 아이들의 치아는 개당 평균 4.66달러에 팔렸다. 2003년 처음 조사를 시작한 이래 13년 만에 최고가를 경신했다. 미국 경기가 살아나는지 이빨 요정의 인심도 후해졌다는 평가가 이어졌다. 2015년에는 평균 3.91달러, 2014년은 4.36달러, 2013년은 3.50달러를 기록했다.

일간지 〈USA 투데이〉는 2017년 2월 24일자 뉴스에서 "이빨 요정의 이빨 매입가와 S&P 500지수 그래프는 같은 모양을 나타낸다"고 보도했다. 국제 신용 평가 기관 '스탠더드 앤드 푸어스(Standard & Poor's)'가 발표하는 S&P 500지수는 미국의 대표적 주가지수다. 미국 500대 기업의 주가를 분석한 수치인데, 쉽게 말하면 미국의 대표적 경제지수와 '이빨지수'가 같은 흐름세를 보인다는 공식적인 분석이다.

이빨 요정은 아이의 첫 유치에 좀 더 많은 돈을 지불한다. 델타 덴탈의 설문 조사에 응답한 부모는 이때 평균 5.72달러를 지불한다고 밝혔다.

반면 비자가 2015년 실시한 설문 조사 결과에 따르면 치아 한 개의 평균가는 3.19달러였다. 1달러가 32%로 가장 많고, 5%는 20달러를 준다고도 했다.

또 부유한 지역일수록 이빨 요정의 인심도 후한 것으로 나타났다. 뉴욕, 보스턴 등이 위치한 동북부 지역에서는 25%의 어린이가 치아 한 개당 5달러, 8%는 20달러를 받았다. 이 지역에서는 치아 한 개당 가격이 전국 평균보다 높은 3.56달러를 기록했다.

중서부 지역 아이들의 경우는 평균 3.13달러로 상대적으로 부유한 동부와 40센트 가까이 차이가 났다. 한편 서부 지역은 3.09달러, 남부 지역은 가장 낮은 3.07달러였다.

엄마 아빠 중 누가 이빨 요정 역할을 맡느냐에 따라 아이에게 주는 돈이 달라진다는 분석도 눈길을 끈다. 아빠는 평균 3.63달러, 엄마는 2.87달러를 기록했다. 아빠 요정이 엄마 요정보다 26%가량 더 후하게 마음을 쓰는 셈이다.

이빨 요정은 현금 외에도 상장이나 편지, 카드 등을 선물로 준다. 델타 덴탈 설문 조사에 따르면 11%는 치약이나 칫솔, 스티커 등 현금이 아닌 선물을 받았다고 응답했다. '아마존 닷컴'에선 이빨 요정이 남기고 갈 법한 스티커나 상장, 작은 카드 등 다양한 상품을 판매한다.

전문가들은 이빨 요정이 아이들에게 경제관념을 심어주는 동시에 치아 관리에도 긍정적 영향을 미친다고 분석했다.

델타 덴탈의 제니퍼 엘리엇 마케팅 부사장은 2016년 이빨 요정 설문 조사 결과를 발표한 보도 자료에서 이렇게 밝혔다. "아이들과 이빨 요정에 대해 이야기하다 보면 건강한 치아를 유지하는 습관에 대해 자연스럽게 이야기를 나눌 수 있다. 이런 주제의 대화는 어릴 때 할수록 더욱 효과적이다."

어릴 때 치아가 빠진다는 것은 새로우면서도 두려운 일이다. 내가 어렸을 땐 빠진 치아를 지붕 위로 던져 까치가 가져가면 튼튼한 치아가 난다는 이야기를 듣곤 했다.

미국 엄마들 역시 이빨 요정 이야기를 통해 어릴 때 아이들이 경험하는 새로움과 두려움을 재미있는 이야기와 일종의 '놀이'로 승화시킨다. 아울러 경제 교육이나 건강 교육까지 해주니 미국 엄마들의 지혜를 엿볼 수 있다.

한 가지 덧붙이자면, 이빨 요정한테 현금을 받은 아이 2명 중 1명(48%)은 자기를 위해 쓰겠다고 했다. 사탕이나 장난감에 돈을 소비하는 쪽이다. 나머지 52%는 저금을 하겠다고 응답했다. 어릴 때부터 투자를 하는 쪽이다. 과연 우리 아이라면 어느 쪽을 택할지, 한 번쯤 물어보고 싶다.

미국 아이들이
18개월에 배우는 것은?

아이가 18개월쯤 됐을 때 일이다. 어린이집에 아이를 데리러 갔는데 좋아하는 인형을 들고 내려놓지 않았다. 아이 손에서 인형을 뺏으려 하자 담임인 시에나 선생님이 3분 정도만 기다려줄 수 있는지 물었다. 그리고 아이에게 말했다.

"엄마 왔어. 집에 가야 해. 1분 더 가지고 놀 수 있어."

짧고 명료한 말투였다. 그리고 1분이 지난 뒤 다시 아이에게 말했다. "인형, 제자리에 갖다 놔."

아이는 잠시 머뭇거리더니 자리에서 일어나 원래 인형이 있던 곳으로 걸어갔다. 인형 침대에 눕혀주고 토닥토닥까지 해줬다.

"베이비랑 인사 잘했어. 내일 오면 그 자리에 있을 거야. 내일 만나자. 안녕."

시에나 선생님은 아이와 인사하며 품에 안아주었다. 선생님 말씀대로 모두 3분 안에 벌어진 일이었다.

나는 "엄마가 젤리 줄게. 빨리 가자"며 아이 손에서 인형을 빼앗아 제자리에 갖다 놓을 생각이었다. 만약 울기라도 하면 밖으로 나와 젤리로 달래볼 계획이었다. 그런데 젤리는커녕 울지도 않고 끝났다.

말을 못하니 말귀도 잘 못 알아듣는다고 생각했는데 어린이집에서는 아니었다. 오히려 내가 아이에게 기회를 주지 않았다는 것을 시에나 선생님의 가르침과 미국 엄마들의 육아를 보면서 깨달았다.

일반적으로 미국에서는 두 살쯤 되면 아이들이 베이비 사인(Baby Sign)으로 간단한 의사소통을 하고, 본인 장난감은 자신이 치운다. 미국 엄마들은 3세 이전에 가르쳐야 할 가장 중요한 능력은 지시를 따르는 일과 자기 조절 능력(Self-Control)이라고 생각해 이 부분을 일찍부터 가르친다.

딸아이가 7개월부터 미국 어린이집을 다닌 덕분에 나는 미국식 페어런팅(parenting)에서 중요하게 생각하는 부분이 무엇인지 알 수 있었다. 미국 아이들은 18개월에 무엇을 배울까? 딸아이가 어린이집에서 배운 것과 육아 잡지 〈페어런츠(Parents)〉에서 소개한 내용을 중심으로 소개한다.

• **Gentle Touch**

이제 막 걷기 시작한 토들러(Toddler)는 감정 조절 능력이나 언어 표현력이 떨어진다. 두 돌이 가까워지면 친구를 물거나 때리는 일이 자주 발생한다. 이때 미국 엄마들은 "안 돼", "하지 마"라는 부정적인 말 대신 '젠틀 터치'를 가르친다. 한국말로는 '부드럽게' 정도의 뜻이다. 인형이나 애완동물을 쓰다듬는 행동과 비슷하다. 친구를 밀거나 때리면 간단명료하게 "스톱"이라고 말한다. 그리고 아이 손을 잡아 친구의 어깨나 팔을 쓰다듬게 하며 "젠틀~ 젠틀~"이라고 다시 말한다.

• Cool Down

아이가 친구를 과격하게 때리거나 무는 행동을 할 경우엔 아이들이 놀고 있는 공간에서 따로 분리시킨다. 그리고 잠시 의자에 앉게 한 다음 "Cool Down"이라고 말하며 감정을 진정시킬 시간을 준다. 엄마나 선생님이 손가락을 펴서 보여주며 '하나, 둘, 셋' 숫자를 세기도 한다. 타임아웃(Time Out)과 비슷해 보이지만 다르다. 스스로 자신의 감정을 진정시킬 기회를 준다는 점에서 긍정적인 훈육법이다. 아이 스스로 진정하면 다시 친구들과 놀게 해준다.

• Wait-Take Turn-Share

18개월쯤 되면 'Wait(기다려)'와 'Take Turn(순서대로)'를 가르친다. 이는 장난감이나 먹는 것 등 모든 것에 해당한다. 기다리고 순서대로 하다 보면 아이들은 Share(공유하기)도 배울 수 있다.

이 세 가지를 잘 배운 아이는 기다리면 자기 순서가 오고, 순서대로 하면 모두가 재미있게 놀 수 있다는 것을 경험으로 알기 때문에 떼를 부리는 경우가 줄고 자기 조절 능력도 키울 수 있다. 물론 한 번에 쉽게 가르칠 수 있는 것은 아니다. 따라서 어렸을 때부터 반복적으로, 지속적으로, 인내심을 갖고 가르친다.

• Baby Sign

미국 엄마들은 간단한 손동작을 아기에게 가르쳐 언어가 발달하기 전에도 의사소통을 한다. 이를 보통 베이비 사인이라고 하는데 수화와 비슷하다.

미국 친구들이 베이비 사인을 가르치는 것을 보고 나 역시 딸이 이유식을 시작할 때부터 '주세요(두 손을 앞으로 내민다)', '더 주세요(두 손을 모아서 손끝을 부딪힌다)', '플리즈(손바닥을 가슴에 대고 작은 원을 그린다)', '생큐(손가락 끝을 턱에 대고 있다가 앞쪽으로 떼어낸다)' 등을 가르쳤다.

딸아이가 다닌 어린이집 선생님들도 1세 반부터 아이들에게 먹는 것과 관련한 베이비 사인을 가르쳤다. 아이들이 간식이나 점심을 먹을 때 선생님이 손끝을 맞부딪히며 "More?(더 먹을래?)" 하고 묻거나 손바닥을 위로 향했다 뒤집으며 "Done?(다 먹었니)" 하고 물으면 아직 말을 잘 못하는 아이도 자기 의사를 표현했다.

베이비 사인을 배운 아이들은 2세 미만이어도 소리를 지르거나 떼를 쓰는 경우가 적다. 본인이 어떻게 표현하면 원하는 것을 얻을 수 있는지 알기 때문이다.

• **Please와 Thank you**

미국에서는 Please와 Thank you, 그리고 Excuse me를 매직 워드(Magic Word)라고 부른다. 타인을 존경하고 배려하는 말인 동시에 인간관계에 꼭 필요한 단어로 생각하기 때문이다.

• **Clean Up**

자신이 가지고 논 장난감은 자신이 치우게 가르친다. 딸아이가 다니던 어린이집에는 'Clean Up, Clean Up, Every Body Clean Up'이라는 간단한 노래가 있었다. 노래를 통해 놀이처럼 가르치면 어린 아이들도 장난감을 스스로 치울 수 있다.

너무 많아서 어떻게 치워야 할지 모를 경우에는 하나씩 가르쳐주면 된다. 미국 어린이집에는 장난감통마다 알맞은 장난감 사진이 붙어 있다. 아이들은 사진을 보고 어떤 장난감을 어느 통에 넣어야 하는지 알 수 있다.

• Circle Time

미국 어린이집에서는 1세 이상 반(班)부터는 아침마다 20~30분 정도 서클타임이 있다. 아이들이 다 같이 모여 노래를 부르고, 선생님이 책을 읽어주는 시간이다. 이 시간을 통해 아이들은 교사의 말을 듣고 규칙을 따르는 법을 배운다.

연령에 따라 서클 타임에 임하는 자세도 천차만별이다. 2세 미만의 아이들은 집중하기 어렵다. 그래도 선생님들은 가능한 한 아이가 집중할 수 있도록, 교사의 말을 따를 수 있도록 반복해서 가르친다.

• Table Manner

미국에서 테이블 매너는 중요하다. 1세 이상의 토들러가 배우는 테이블 매너는 '음식은 정해진 자리에서 먹기' 정도다. 음식은 물론 물병에 있는 물도 테이블에 앉아서 마시라고 가르친다.

동시에 입안에 음식이 있을 때는 말하지 않기, 입은 냅킨으로 닦기 등도 2세 정도에 배운다.

• Public Health

공중위생을 최우선으로 생각하기 때문에 어린 아이에게도 손 닦기나 기침할 때 입 가리기는 기본이다. 손 닦기를 싫어하는 아이를 위해 생일 축하 노래를 불러준다. 보통 노래를 두 번 부르는 동안 닦아야 한다고 가르친다.

기침할 때는 손이 아니라 팔로 가려야 한다. 손으로 가리면 침이 묻고, 물건을 만지면서 다른 사람에게 바이러스를 옮길 수도 있기 때문이다.

1-8
대디 타임에
미국 아빠들은 무엇을 할까?

대디 타임(Daddy Time), 마미 타임(Mommy Time), 패밀리 타임(Family Time)……

미국에는 각종 '타임'이 많다. 아이러니한 것은 대디 타임은 아빠가 아이들과 함께 보내는 시간을 말하는데, 마미 타임은 엄마가 아이들 없이 혼자 보내는 시간을 뜻한다. 아마도 엄마는 평소 아이들과 보내는 시간이 많으니, 엄마 자신을 위해 시간을 쓴다는 의미인 듯하다.

일반적으로 대디 타임은 주말이다. 특히 토요일 오전에는 아빠가 아이들을 데리고 공원에서 시간을 보내거나 운동을 같이하는 모습을 어렵지 않게 볼 수 있다. 토요일 오전에 아이들은 발레나 댄스, 태권도, 골프 등을 배우는데, 학원으로 데려가는 사람은 당연히 아빠다.

초등학생 정도가 되면 지역의 야구 또는 축구 리그에서 뛰는 아이들이 많다. 경기장에서는 아이들보다 아빠들이 더 신나서 응원을 한다. 사실 야구나 축구 리그는 아빠뿐만 아니라 '마미 타임'을 포기한 엄마도 함께 응원에 나서 '패밀리 타임'이 되는 경우가 많다.

어린 자녀를 위한 음악이나 미술 클래스는 흔히 '마미 & 미(Mommy & Me)' 또는 '마미 & 베이비(Mommy & Baby)' 클래스라고 부른다. 한국의 문화센터 프로그램과 비슷하다.

토요일 오전에는 이름만 '마미 & 미'이지 대부분 '대디 & 미' 클래스다. 딸아이가 세 살 정도 됐을 때 동네에 있는 토요일 마미 & 미 뮤직 클래스에 간 적이 있는데, 부모 6명 중 4명이 아빠였다.

아빠가 아이들과 대디 타임을 가질 때 엄마는 마미 타임을 갖는다. '나를 위한 시간'이라는 뜻으로 '미 타임(Me Time)'이라고도 한다. 뉴욕에서 전업맘으로 아이를 돌보는 친구가 있는데, 그녀에게 토요일은 하루 종일 마미 타임이다. 남편이 오후 늦게까지 딸과 함께 시간을 보낸다. 아내는 주중에 하지못한 일을 하고 친구도 만난다. 한 달에 몇 번은 찜질방에 가서 쉰다며 자랑했다.

그 친구는 이렇게 말했다. "옆집 엄마도 토요일만 되면 사라져. 토요일 아침엔 동네 엄마들 얼굴 보기도 힘들어. 내 남편은 딸을 데리고 태권도장에 가는 걸 좋아해. 두 사람만의 특별한 시간이라고 생각하거든. 그 시간을 내가 뺏을 순 없지."

아빠와 딸이 함께 보내는 특별한 시간을 '아빠와 딸의 데이트 나이트 (Date Night)'라고도 한다. 데이트 나이트는 글자 그대로 저녁에 하는 데이트를 말하는데, 아빠가 딸의 첫 번째 데이트 상대가 되어주는 것이다.

'데이트'를 신청한 아빠는 딸을 '숙녀'로 모신다. 레스토랑 문을 열어주고, 층계를 올라갈 때는 왕자님처럼 손을 내밀어 잡아준다. 작은 행동이지만 딸은 '신사'가 여성을 어떻게 대하는지 배울 수 있다. 청소년이 된 딸이 진짜 남자 친구랑 데이트를 하기 전에 아빠가 '젠틀맨'은 어떤 사람인지 가르치는 것이다.

비싸고 화려한 데이트를 해야 하는 것은 아니다. 딸은 아빠와 함께하는 '시간' 또는 '장소' 자체에 의미를 둔다. 미국 엄마들은 가끔 이런 말을 한다. "난 그 숍엔 가지 않아. 거긴 마야가 아빠랑 가는 곳이거든." 남편과 딸의 특별한 시간을 존중한다는 의미다.

반대로 아빠와 아들은 어떻게 대디 타임을 보낼까.

인터넷에서 대디 타임 연관 검색어를 치면 딸과 관련한 것으로는 데이트 아이디어, 댄스 등이 나오는 반면 아들과 관련해서는 액티비티(Activity)라는 단어가 나온다. 몸을 움직이는 스포츠를 같이하는 경우가 많다는 뜻. 스포츠 경기 관람, 낚시나 사냥, 캠핑 등은 모두 아빠와 아들이 함께하기 좋은 액티비티다.

아빠는 아들이 살아가면서 알아둬야 할 여러 가지 기술을 가르쳐주기도 한다. 자동차를 정비하거나 정원을 가꾸는 일, 가족을 위해 요리하는 일 등도 아빠가 아들과 시간을 보내며 하는 활동이다.

그리고 아빠는 아들에게 여성을 어떻게 대해야 하는지, '젠틀맨'이 갖춰야 할 예의도 알려준다.

딸에게 왕자를 기다리는 공주가 되라고, 아들에게 공주를 떠받드는 신하가 되라는 뜻이 아니다. 상대방을 아끼고 배려하는 기본 매너를 가르쳐주는 것이다.

미국은 가족이 저녁을 함께 먹는 일이 많기 때문에 이때가 패밀리 타임인 경우가 많다. 그러나 대디 타임이나 마미 타임처럼 일주일에 한 번 특별한 시간을 정해놓고 패밀리 타임을 갖기도 한다. 혹은 하루에 단 5분이라도 온 가족이 한자리에 모이는 시간을 패밀리 타임이라 부를 때도 있다. 집집마다 다르지만 공통점은 모든 가족이 패밀리 타임을 중요하게 생각한다는 것이다. 패밀리 타임에는 보드게임을 즐기거나 영화를 보기도 하고, 가족 문제를 함께 의논하는 회의 시간으로 정해두기도 한다.

그리고 남편과 아내 둘이 보내는 시간도 중요하게 생각한다. 베이비시터에게 아이를 맡기고 부부가 레스토랑에서 식사를 하거나 영화를 보면서 '데이트 나이트'을 갖는다.

많은 경우, 관계는 함께 보낸 시간에 비례한다. 미국 엄마는 자녀의 보호자이자 남편의 아내인 자신의 위치가 한쪽으로 치우치지 않도록 노력한다. 아빠 역시 마찬가지다.

미국 엄마와 아빠에게 여러 가지 '타임'이 존재하는 것은 아내나 남편, 엄마나 아빠의 역할에서 균형을 잃지 않기 위해서다.

미국에서
유명한 전래동화 주인공은?

딸아이의 친구들과 '플레이 데이트(Play Date: 아이가 친구들과 노는 것)'를 하고 있는데, 제이든이 딸꾹질을 했다. 나는 "오, 제이든! 뭐 맛있는 거 혼자 먹었나봐"라고 했다. 동시에 그 자리에 있던 다른 미국 엄마는 "제이든! 키가 크려나봐"라고 말했다.

같은 상황에서 두 엄마가 다르게 반응하자 같이 있던 미국 엄마들이 관심을 보였다. 그렇게 한국과 미국 엄마들의 수다가 시작됐다. 내가 "밤에 휘파람을 불면 뱀이 나온다"고 하자 미국 엄마들은 처음 듣는다며 신기해했다. 반면 다른 미국 엄마는 "밤에 샌드맨(Sandman)이 다녀가서 아침에 눈곱이 생긴다"고 했다. 이건 내가 처음 듣는 이야기였다.

그날 미국 엄마들은 아기는 어떻게 생기는지, 눈곱은 무엇이고, 빠진 치아는 왜 베개 밑에 넣고 자는지, 겨울에 눈과 얼음을 뿌리는 서리의 신은 어떻게 생겼는지 등 한국 엄마가 처음 들어보는 재미난 이야기를 들려줬다.

먼저, 미국에서는 아기가 어떻게 생길까. 미국판 삼신할머니는 스토크(Stork: 황새)다. 미국 엄마들은 아이에게 "황새가 아기를 보자기에 싸서 데려다준다"고 말한다. 이 황새 이야기를 바탕으로 만든 영화가 2016년 개봉한 〈아기 배달부 스토크〉다. 아기를 배달하는 스토크 '주니어'와 미처 배달되지 못한 채 황새들과 살고 있는 여자 주인공 '튤립', 그리고 실수로 만들어진 귀여운 아기가 펼치는 모험을 그린 영화다.

영화에서는 아이들이 황새 나라로 편지를 보내면, 그 편지를 받은 황새들이 발신지로 아기를 배달해준다. 한 미국 친구는 어렸을 때 황새가 아기를 데리고 문 앞에서 초인종을 누르는지, 혹은 산타 할아버지처럼 굴뚝을 타고 벽난로로 들어오는지 궁금해서 엄마한테 물어봤다는 이야기를 해줬는데 비슷한 장면이 영화에도 나온다.

흔하진 않지만 아기가 태어날 날을 앞두고 집 마당에 스토크 장식을 해놓거나 관련 문구를 적어놓는 집도 있다. 옛날 한국에서 아이가 태어나면 새끼를 꼬아 고추나 숯을 걸어놨던 것과 비슷한 전통이다.

잠과 관련한 미신 중 대표적인 것은 샌드맨 이야기다. 잠의 요정인 샌드맨은 아이가 자고 있을 때 찾아와 행복한 꿈을 꿀 수 있도록 마법의 모래를 살살 뿌려준다. 눈곱은 샌드맨이 모래를 뿌린 자국이다.

전통적으로는 커다란 모래 자루를 짊어진 할아버지나 마법사 이미지인데, 최근 영화나 그림책에 나오는 샌드맨은 좀 더 젊고 귀여운 느낌으로 그려진다.

이빨 요정도 아이들이 자고 있을 때 다녀가는데, 상상으로만 존재하는 이빨 요정을 직접 만나는 때가 있다. 바로 핼러윈이다. 종종 장난기 많은 아빠들이 이빨 요정으로 분장하고 돌아다닌다. 분홍색 날개를 달고, 반짝이는 왕관을 썼다. 가슴에는 크게 'Tooth Fairy'라고 쓰여 있다.

엄마들이 해주는 이야기 속 주인공을 현실에서 만나는 날은 또 있다. 이스터 버니(Eater Bunny)는 부활절, 산타클로스는 크리스마스 시즌에 등장한다.

부활절(Easter)을 앞두고 주말마다 곳곳에서는 에그 헌트(Egg Hunt) 행사가 열리는데, 이때 가끔 이스터 버니가 등장한다. 에그 헌트는 한국의 보물찾기처럼 들판 곳곳에 숨겨놓은 계란을 찾아서 바구니에 담는 이벤트다. 미국 아이들은 이스터 버니가 계란을 숨겨놨다고 생각한다. 플라스틱 계란 안에는 사탕이나 스티커 등이 들어 있다.

대형 쇼핑몰에 이스터 버니 하우스를 만들 때도 있다. 이스터 버니와 인사를 나누거나 사진을 찍기도 한다. 그리고 크리스마스 시즌이 되면 이곳은 산타클로스 하우스로 바뀐다. 크리스마스이브에 집으로 찾아와 선물을 주고 갈 산타를 미리 만나 사진을 찍을 수 있는 곳이다.

이처럼 미국 부모들은 아이 치아가 빠지면 이빨 요정, 부활절에는 이스터 버니, 크리스마스에는 산타클로스로 변신해야 하니 바쁘다. 덕분에 아이들은 상상의 나래를 펴며, 동화 같은 이야기가 현실이 되는 판타지 속에서 꽤나 오랫동안 지낸다.

미국 엄마들이 해주는 옛날이야기 속 주인공이 총출동하는 영화도 있다. 드림웍스가 2012년 개봉한 만화 영화 〈가디언즈(Rise of the Guardians)〉는 산타클로스 '놀스', 부활절 토끼 '버니', 잠의 요정 '샌드맨' 그리고 서리의 신 '잭 프로스트(Jack Frost)' 등이 나온다. 이들이 악당 '피치'와 맞서 싸우는 이야기가 전체 줄거리다.

잭 프로스트는 예로부터 모든 것을 얼려버리는 신으로 전해지며 서리나 눈, 얼음의 신으로도 불린다. 〈가디언즈〉에서는 잭 프로스트가 전통적인 이미지보다 젊고 잘생긴 남자아이로 나왔다는 게 미국 엄마들의 평이다. 디즈니에서 만든 〈겨울 왕국(Frozen)〉에 나오는 주인공 엘사와 비슷하게 생겼다.

이 밖에 미국 엄마들이 해주는 '이야기'는 아니지만 미국 문화를 이해하는 데 도움이 되는 행동 몇 가지를 소개한다.

미국에서는 어떤 사람이 재채기를 하면 주변에서 꼭 "Bless you(신의 가호가 있기를)"라고 말한다. 여러 가지 설이 있지만, 590년경 흑사병이 심했던 시대가 배경이라는 것이 가장 유력하다. 흑사병의 첫 신호가 기침이었기에 교황이 기침하는 사람에게 "신의 가호가 있기를……"이라고 말해주라고 한 데서 시작했다는 설이다.

또 다른 설은 예로부터 유럽에서는 기침을 하면 악령이 들어가거나 나온다고 믿었기 때문에 이를 막기 위해 주변에서 '신의 축복'을 빌어줬다는 말도 있다. 어느 쪽이 진실이든 아직까지도 많은 미국인이 주변에서 재채기를 하면 "Bless you"라고 신의 축복을 빌어준다. 누군가 이렇게 말하면 '생큐(Thank you)'라고 가볍게 답례하면 된다.

미국 사람들이 어떤 말을 한 뒤 "Knock on wood"라고 말하거나 실제로 주변에 있는 나무를 두드리는 것을 볼 수 있다. 액운을 쫓아낸다는 의미인데, 입방정을 떨어 나쁜 일이 벌어지지 않길 바란다는 뜻을 담고 있다.

"나는 절대 감기에 안 걸려", "우리 팀은 항상 이겨" 등과 같이 어떤 말을 단언한 뒤 이 말이 부정을 타지 않도록 재빨리 나무를 두드리거나 직접 "Knock on wood"라고 말한다.

이런 이야기나 행동은 미국의 전통과 문화를 담고 있어 영화나 동화책 곳곳에 녹아 있다. 모를 땐 지나치기 쉽지만 일단 알고 나면 생각보다 많은 곳에서 보일 것이다. 미국 문화와 전통에 대한 이해의 폭을 넓히는 데 도움이 되길 바란다.

미국 엄마 VS. 한국 엄마,
무엇이 다를까?

미국에서 아이를 키우다 보면 미국 엄마들은 뭔가 다르다는 느낌을 받는다. 나는 항상 바쁜데 미국 엄마들은 느긋해 보이고, 나는 모든 것이 서툰데 미국 엄마들은 척척 쉽게 해내는 것 같다.

또 다른 차이는 한국 엄마들을 만나면 걱정이 많은데, 미국 엄마들을 만나면 웃음이 많다는 것이다.

예를 들면 이런 경우다. 딸아이가 왼손잡이라 나는 이 부분이 늘 걱정이다. 밥 먹는 것과 글씨 쓰는 것만이라도 오른손으로 바꿔주고 싶다. 한국 엄마들을 만났을 때 이 이야기를 한 적이 있다.

그러자 고민에 고민이 더해졌다. 조금씩 오른손을 사용하게 해줘라, 가위질을 오른손으로 시켜라 등의 조언이 쏟아졌다. 본인 역시 왼손잡이였는데 고쳤다는 친구도 있었다. 시간이 더 지나면 고치지 못할 것 같아 마음이 더 무거워졌다.

미국 엄마들을 만나 같은 이야기를 한 적이 있다. 그러자 모두가 웃음을 터뜨렸다. 분위기 파악을 못하고 있는 나에게 아이가 불편해하느냐, 그게 아이한테 무슨 문제냐, 왜 바꿔야 하냐 등 도리어 질문이 쏟아졌다. 왼손잡이인 자신이 특별해서 좋았다고 말하는 친구도 있었다. 고치지 못해도 상관없을 것 같아 마음은 가벼워졌다. 우리의 대화는 이런 얘기로 끝났다.

"오바마 대통령도 왼손잡이야. 네 딸이 대통령도 될 수 있단 얘기지."

이렇게 나는 고민을 긍정적으로 바꾸는 사고의 전환법을 배웠다. 이럴 때마다 미국 엄마들의 힘은 대단하고 거창한 게 아니라 작은 행동, 작은 생각에서 시작된다는 것을 깨닫는다.

그래서 미국 엄마들은 도대체 어떤 점이 다른지 곰곰이 살펴보기 시작했다.

일단 미국 엄마들은 자신의 이름을 잃지 않는다. 결혼해서 아이가 생기면 '○○의 아내', '○○의 엄마'가 되는 한국과 달리 자기 이름을 그대로 간직한다.

뉴저지주 프린스턴에 살 때 아이 유치원에서 종종 만나던 자넷이란 엄마가 있었다. 하루는 자넷이 내 이름을 잊어버렸다며 다시 한 번 말해달라고 했다. 나는 '그레이스 엄마'라고 대답했다. 자넷은 "네가 그레이스 엄마인 건 알아. 근데 네 이름을 잊어버렸어. 네 이름이 뭐니?"라고 다시 물었다. 신선한 충격이었다. 자넷은 내 이름을 몇 번이고 연습했고, 다음에 나를 만났을 때는 꽤 정확한 발음으로 '동희'라고 부르며 웃어 보였다. 자기 발음이 맞냐고 확인하는 것도 잊지 않았다. 타인을 향한 존중과 배려를 느꼈다.

이름을 그대로 간직한다는 것은 많은 걸 의미한다. 지금까지 살아온 내 정체성을 그대로 유지하는 것이다. 미국에서는 아내가 되고, 엄마가 되어도 나 자체로 존재할 수 있다. 아내와 엄마로서는 조금 부족해도 괜찮다. 나는 나 자체로 충분하다는 자신감이 있기에 자존감이 바닥까지 떨어지진 않는다.

또한 미국 엄마들은 대답을 질문으로 한다. 아이가 무엇을 물어보면 "너는 어떻게 생각하니?", "너는 왜 그 부분이 궁금하니?", "네 생각에는 어떻게 됐을 것 같니?" 하는 식이다. 신기한 것은 질문을 받은 아이들이 대답을 한다는 점이다.

이렇게 미국 엄마들은 많은 문제를 질문으로 해결한다. 미국 친구 가족을 만났을 때 일이다. 제임스와 크리스 두 형제가 있는 집인데, 오랜만에 만난 까닭에 두 형제가 모두 딸아이와 같이 앉고 싶어 했다. 제임스, 크리스 그리고 딸아이 순서로 앉아 있는데 제임스가 크리스와 딸 사이에 끼려고 했다. 크리스가 이를 저지하면서 둘의 목소리가 커지고 있었다.

내가 딸아이에게 "제임스와 크리스 사이에 앉아" 하고 말하려는 순간 아이들의 엄마 엘렌이 나섰다.

"제임스, 크리스. 지금 둘 다 그레이스와 앉고 싶은 거지? 어떻게 하면 둘이 그레이스와 같이 앉을 수 있을까?"

아이들은 잠깐 동안 '멈춤' 상태가 됐고, 뭔가를 생각하는 표정이었다. 잠시 후 가운데 앉아 있던 크리스가 딸아이 반대쪽으로 가서 앉았다. 아이들은 스스로 문제를 해결했다는 사실에 서로를 바라보며 뿌듯해했다. 육아 서적에 모범 답안처럼 나올 법한 상황이 바로 눈앞에서 벌어졌다.

아이에게 문제를 스스로 해결할 힘이 있다는 걸 믿어주는 것, 답을 찾아가도록 도와주는 것, 아이의 답이 엄마가 원하는 게 아니라도 존중해주는 것이 미국 엄마의 힘이라는 생각이 들었다.

한 가지 더하면 미국 엄마들에겐 휴식이 중요하다. 한 육아 서적에서 두 살이 되면 알아야 할 단어 중에 '휴식(Rest)'이 있는 걸 보고 처음엔 의아했다. 두 살배기 아이가 배우기엔 어려운 개념의 단어라는 생각이 들어서다.

하지만 미국 엄마들은 휴식도 어렸을 때부터 가르쳐야 한다고 생각한다. 아이는 아무것도 하지 않고 쉬는 엄마를 보며, 휴식이라는 단어를 배운다. 인생에서 항상 일하는 시간만 있을 수는 없다. 일과 휴식이 균형을 이뤄야 건강한 삶을 살 수 있다. 미국 아이들은 이러한 삶의 기본 진리를 두 살 때부터 배운다.

미국 엄마들이 휴식을 가르칠 때 가장 많이 사용하는 방법이 '콰이어트 타임(Quite Time)'이다. 콰이어트 타임은 말 그대로 조용하게 쉬는 시간이다. 이때 아이는 낮잠을 자거나 책을 읽거나 그림을 그린다. 그 시간에 엄마도 같이 쉰다. 미국 엄마들에겐 스스로를 돌보는 셀프-케어(Self-Care) 시간이 무엇보다 중요하다.

어떤 엄마들은 콰이어트 타임에만 가지고 놀 수 있는 장난감 상자를 따로 준비한다. 퍼즐이나 블록처럼 조용히 가지고 놀면서 집중력을 향상시킬 수 있는 것들이 들어 있다. 콰이어트 타임에만 가지고 놀 수 있기 때문에 아이가 그 시간을 기다리는 효과도 크다.

모든 일은 균형을 이뤄야 한다. 미국 엄마들이 무조건 맞다는 것은 아니다. 그러나 미국 엄마들의 작은 생활 습관, 행동 방식에서도 육아의 지혜를 엿볼 수 있었다.

2부

지혜로운 미국 엄마들의
특별한 자녀교육법 10가지

The Power of
American Mother

아이를 망칠 수 있는
7가지 흔한 방법

영어 단어 중에 스포일(Spoil)이라는 말이 있다. '망치다', '버려놓다', '못 쓰게 만들다'라는 뜻인데 아이에게 쓰면 '응석받이로 키우다'라는 의미다. 미국 육아 서적에도 자주 나온다. 이는 그다지 좋은 의미가 아니기 때문에 되도록이면 스포일시키지 말아야 한다.

얼마 전 육아 교육 웹사이트 'iMOM.com'은 '아이를 망치는 7가지 방법(7 Ways to Spoil Your Children)'을 소개했다. 나를 비롯해 많은 한국 엄마들이 일상생활에서 흔히 저지르는 실수가 '아이를 망치는 방법'으로 나와 있었다.

예를 들면 아이가 어지른 장난감을 치워주거나 "너 한 번 더 그러면 혼난다" 하고는 실천하지 않았던 것, 아이가 버릇없이 굴어도 '어리니까 그렇지'라며 이해했던 것 모두 아이를 망치는 방법이었다.

미국 친구들의 육아 방식을 보면 뭔가 다르긴 한데 어디서부터 어떻게 다른지 설명하기 어려웠다. 그런데 이 글을 보니 아이에게 허용하는 범위, 규칙을 만들고 지키는 방법 등 작은 것들이 모여 큰 차이를 빚어낸다는 걸 알 수 있었다.

iMOM.com에서 소개한 '아이를 망치는 7가지 방법'을 간단히 살펴보면 다음과 같다.

1. 아이가 어지른 것을 대신 치워주세요.

2. 아이가 버릇없이 말해도 이해하고, 당신의 상사처럼 대해주세요.

3. 아이가 달라는 것은 다 주세요.

4. 아이가 안 하고 싶다는 것은 쉽게 포기하게 하세요.

5. 아이의 버릇없는 행동을 '아이들이 다 그렇지' 하고 너그럽게 이해해 주세요.

6. 당신이 말한 훈육 규칙을 지키지 마세요.

7. 아이를 위해서라면 무엇이든 다 해주세요.

4번은 특히 운동이나 학업 같은 분야에 해당한다. 운동을 하거나 공부를 하다 보면 반드시 고비가 온다. 이때 자녀가 이를 극복할 힘을 기르도록 도와주라는 얘기다. 한국 엄마들이 지나칠 정도로 잘하는 부분이다. 우리는 항상 아이들에게 평균 이상을 기대하고 밀어붙인다.

하지만 미국 엄마들은 이 부분이 약하다. 자녀의 자율성을 중시하기 때문에 아이가 그만두겠다고 하면 쉽게 허락하는 편이다. 미국 부모들도 이 부분을 걱정한다.

내 친구 대니얼도 바로 이 부분을 똑같은 관점에서 지적한 적이 있다. 아시안 엄마들은 아이에 대한 기대가 크고 기준이 높은 데 반해 미국 엄마들은 "무엇이든 네가 원하는 것을 하렴" 하고 아이를 편하게 내버려두는데, 그것이 어떤 면에서는 아이가 발전할 기회를 차단하는 것은 아닌지 우려스럽다는 얘기였다.

개인적으로는 위의 7가지 중에서 아이들이 어지른 것을 대신 치워주라는 것과 훈육 규칙을 지키지 말라는 것이 마음속 깊이 와닿았다.

아이는 스스로 자신의 물건을 치우고 정리하는 일을 통해 성취감을 얻고 자신감과 책임감을 배울 수 있는데, 부모가 이를 대신해주면 이런 기회를 박탈하는 결과를 낳는다는 것이다.

정해놓은 훈육(Discipline) 규칙을 지키지 않는 것도 하루에도 몇 번씩 저지르는 실수다. 보통 Discipline을 '훈육'이라고 번역하는데, 개인적으로는 어감이 조금 다른 것 같다. 훈육이라고 하면 아이를 혼내고 야단치는 장면이 떠오르는데, Discipline은 규칙이나 올바른 행동을 하도록 훈련시키고 가르치는 느낌이 든다.

미국 친구들은 아이들이 놀이터에서 위험한 놀이를 하거나 잘못된 행동을 할 때 꼭 아이 이름을 불러서 자기 앞으로 오게 한다. 그런 다음 아이 눈을 똑바로 보며 무엇을 잘못했는지, 어떻게 해야 하는지, 그리고 한 번 더 그렇게 하면 어떻게 할 건지 가이드라인을 확실하게 말해준다.

가이드라인이 확실하니 그걸 지키지 않을 경우 받게 될 벌도 확실하다. 엄마는 아이가 약속을 지키지 않으면, 말한 대로 행동한다. 이를테면 몇 분 동안 엄마 옆에 가만히 서 있기도 하고, 아예 집으로 가야 하는 상황이 벌어지기도 한다.

반면 나는 놀고 있는 아이에게 멀리서 소리만 질렀다. "다솔아, 위험해~ 조심해서 놀아~" 많은 경우 아이는 계속 위험하게 놀았다. 그런데도 또 "자꾸 그러면 혼날 거야. 위험해!" 하고 소리만 질렀다. 아이는 혼난다는 이야기를 들었지만 실제로 혼난 적은 거의 없다. 엄마 말을 들어야 할 이유가 없기 때문이다.

'아이를 망치는 7가지 방법'을 읽고 내 방법이 어디서부터 틀렸는지 알 것 같았다. 결국 나는 장난감을 치워줌으로써 아이에게서 책임감을 배워야 할 기회를 빼앗고, 훈육 규칙을 제대로 지키지 않음으로써 올바른 행동을 배울 기회를 빼앗고 말았다.

아이를 스포일시키는 방법은 생각보다 간단하다. 위의 7가지는 하루에도 몇 번씩 쉽게 저지르는 잘못이다. 그러면 아이는 자신감과 책임감이 부족하고, 만족이나 절제를 모르며, 예의 없는 사람이 될 것이다. 자신의 잘못을 다른 사람 탓으로 돌리는 삶을 살아갈 것이다. 반어법을 사용한 경고성 메시지가 상당히 깊은 여운으로 남았다.

2-2
책임감 있는 시민에게 필요한
10가지 인성

유치원에 다니는 딸아이가 학년 중간 성적표를 받아왔다. 첫 문장은 이렇게 시작했다.

"아이가 좋은 시민으로 성장하고 있습니다."

'Citizen'이라는 단어가 눈에 들어왔다. 성적표라고 하면 본래 '위 사람은 성실하고……' 또는 '타의 모범이 되고……', '밝고 명랑하며……' 등으로 시작하는 것 아니던가. 유치원 성적표에 등장한 Citizen이라는 단어를 보는 순간 미국 사회가 지향하는 어떤 '정신'이 Citizen이라는 단어에 깃들어 있다는 생각이 들었다.

미국 교육부가 발간한 《자녀가 책임감 있는 시민으로 자라도록 돕는 방법(Helping your child become a responsible citizen)》에 해답이 있었다. 미국 사람들이 중요하게 생각하는 가치관을 일목요연하게 정리한 자료였다.

'자녀를 도와주는 시리즈(Helping your child series)' 중 하나인 이 책자는 1993년 처음 출간했으며, 2005년에 개정판을 냈다. 30년 가까이 된 자료지만 지금까지 미국에서 중시하는 인성 교육(Good Character) 자료로 통용될 만큼 그 보편적 가치는 시대를 초월한다.

2005년 당시 대통령이던 조지 W. 부시는 이 책 서문을 통해 "역사적으로 위대한 영웅들은 정직하고 성실했으며, 불굴의 의지를 가진 용기 있는 사람들이었다"면서 "오늘날에도 우리는 자유와 평화를 수호하기 위해 모든 이들의 가치를 존중해야 하며, 인간의 존엄성을 중시하는 우리나라의 국민성을 지켜나가야 할 것"이라고 강조했다.

부시 대통령이 말한 국민성(National Character)은 개인을 넘어 국가가 공유하고 있는 가치관을 뜻한다. 개인의 인성과 성품이 그 사람의 사고와 행동, 반응, 감정 등을 지배하듯 한 국가가 공유하고 있는 국민성은 그 사회를 움직이고 지탱하는 힘이다.

미국 교육부 자료를 중심으로 미국 엄마들은 물론 미국 사회가 중요하게 생각하는 10가지 인성(Character)을 정리해보았다.

첫 번째 인성은 동정심(Compassion)이다. 타인의 감정이나 필요에 주의를 기울이는 마음, 즉 측은지심이나 공감(Empathy) 능력을 뜻한다. 미국 엄마나 교사들이 아이가 친구를 때리거나 상처 주는 말을 했을 때 "그렇게 하면 친구 마음이 어떨 것 같아?" 하고 물어보는 것은 공감 능력을 키우기 위해서다.

이러한 교육은 의사소통이 가능한 3세를 전후로 본격적으로 시작한다. 그 전까지는 다른 사람을 아프게 했을 때 "No, It hurts(안 돼, 아파)"라고 했다면, 프리스쿨러(Preschooler: 유치원인 프리스쿨에 다니는 아이)에 다니는 3세 때부터는 '입장 바꿔 생각하기'를 가르친다.

전문가들은 독서나 TV 시청 중에도 "주인공이 어떻게 느낀 것 같아?", "어떤 생각을 하는 것 같아?"라는 질문이 도움이 된다고 조언한다. 동정심 많고 공감 능력이 뛰어난 아이는 친절하고 포용력이 넓으며 타인을 열린 마음으로 대한다. 성공한 리더들이 갖고 있는 공통점 중 하나가 바로 공감 능력이다.

두 번째 인성은 정직(Honesty)이다. 자기 자신은 물론 다른 사람에게 진실로 대하는 태도를 말한다. 특히 미국에서는 자기 실수를 솔직하게 인정하는 모습, 그로 인해 엄청난 손해를 입거나 어려움을 겪더라도 진실을 말할 수 있는 용기를 정직이라고 부르며 여기에 가치를 부여한다. 타인의 입장을 고려하는 작은 노력부터 자기 이익을 위해 타인에게 손해를 입히지 않는 행동도 포함된다.

하지만 전문가들은 어린 아이에게 정직의 개념을 가르칠 때는 주의해야 한다고 말한다. 상상놀이나 역할놀이를 즐기는 아이는 상상과 거짓말을 혼동하기 쉽다. 거짓말을 할 의도는 없지만 상상 속 이야기를 실제 일어난 일처럼 말할 때도 있다. 이때는 거짓말을 했다고 야단치기 이전에 아이의 의도가 무엇인지 먼저 파악해야 한다.

정직하기, 거짓말하지 않기를 너무 강조하다 보면 공주놀이를 하고 있는 친구한테 "너는 공주가 아니야" 하고 무안을 주거나 다른 사람의 외모를 보고 "못생겼다"고 말하는 경우도 생길 수 있다. 타인의 감정에 공감하는 법, 나와 다른 낯선 것을 받아들이는 법, 타인에게 예의 바르게 말하는 법 등도 같이 가르쳐야 한다. 부모의 지혜가 필요한 부분이다.

세 번째 인성은 공정성(Fairness)이다. 모든 사람을 평등하고 공평하게 대하는 자세로 편견이나 차별을 지양하는 정신이다. 위의 책자에서는 공정성을 현실에 적용하기 위해 '규칙(Rule)을 정하고 지키는 일'이 무엇보다 중요하다고 강조한다. 기준이 있어야 이를 누구에게나 공평하게 적용할 수 있기 때문이다.

가정에는 패밀리 룰(Family Rule), 학교에는 스쿨 룰(School Rule), 각 교실에는 클래스룸 룰(Classroom Rule)이 있다. 더 큰 의미로 보면, 국가에는 모든 국민이 지켜야 하는 헌법이 있다.

공정성이란 단어에는 미국인의 건국 정신이 담겨 있다. 독립혁명을 통해 자유를 얻은 이들은 정해진 규칙이나 법에 의거해 공정한 대우를 받는 정의로운 사회를 만들고자 했다. 미국 공립학교 학생들은 매일 아침마다 '국기에 대한 맹세(The Pledge of Allegiance)'를 외운다. 이 맹세의 마지막 구절은 "(우리나라는) 모든 이를 위한 자유와 정의의 나라입니다(with liberty and justice for all)"로 끝난다. 미국인은 공정성을 실현하고 자유와 정의가 살아 숨 쉬는 사회를 만들기 위해 노력하며, 아이들에게 이것을 가르친다.

네 번째 인성은 자기 수련(Self-Discipline)이다. Self-Discipline은 스스로를 훈육하는 능력, 즉 스스로 절제하고 조절할 수 있는 능력을 말한다. 자기 조절(Self-Control)과 비슷한 뜻으로 미국 엄마들이 아이들에게 키워주고자 하는 대표적 성품이다.

스스로 절제하고 조절할 수 있는 아이는 충동적인 행동을 자제한다. 그 때문에 많은 순간 자신을 위해 최선의 선택을 내릴 수 있다. 미국 엄마들의 육아는 궁극적으로 이러한 자기 조절 능력을 가르치는 것이라 해도 과언이 아니다. 지금 하고 싶은 것을 안 하는 능력, 반대로 하기 싫은 것을 지금 하는 능력은 삶을 살아가는 데 절대적으로 필요하다.

다섯 번째 인성은 판단력(Good Judgment)이다. 옳고 그른 것, 좋고 나쁜 것을 구별해 결정을 내리는 능력이다. 이는 물론 개인, 가족, 사회에 따라 그 기준이 다를 수 있다.

특히 미국은 다양한 문화권의 사람들이 모여 살기 때문에 가치관 또한 다양하다. 그래서 미국 엄마들은 사회 전체의 규범을 저해하지 않는 범위 내에서 각자가 중요하게 생각하는 가치관을 자녀들에게 심어주기 위해 노력한다.

또한 자신이 우선으로 여기는 가치가 타인의 가치와 충돌했을 때 그걸 존중하며 갈등을 풀어나가는 판단력도 미국 엄마들이 강조해서 가르치는 부분이다. 뉴욕 대학 등의 명문대 입시에는 "당신의 신념이나 가치가 흔들렸던 상황과 이때 어떻게 반응했는지 설명하시오"라는 에세이 주제가 자주 등장한다.

여섯 번째 인성은 타인 존중(Respect for Others), 일곱 번째 인성은 자기 존중(Self-Respect)이다. 위의 책자에서는 사회를 더욱 발전시키고 품격 있게 만들기 위해서는 존중이라는 개념이 절대적으로 중요하다고 강조한다.

자존감, 즉 Self-Esteem은 엄밀히 말하면 Self-Respect와는 다른 개념이다. 자기 존중은 자기 자신을 있는 그대로 받아들인다는 뜻이다. 반면 자존감은 개인(자신)을 평가하는 능력이나 기술을 말한다. 그 때문에 자존감은 스스로의 평가 정도에 따라 높아질 때도, 낮아질 때도 있지만 자기 존중은 그렇지 않다.

나 자신의 좋은 점, 나쁜 점, 긍정적인 면, 부정적인 면을 모두 있는 그대로 받아들이고 존중한다. 한 연구 조사에 따르면 자기 스스로를 존중하는 아이는 다른 사람도 존중하는 것으로 나타났다.

다양한 인종과 종교, 신념이 공존하는 미국에서는 타인 존중과 자기 존중이 무엇보다 중요한 가치이기 때문에 이에 대해서는 다른 장에서 조금 더 자세하게 살펴보기로 한다.

여덟 번째 인성은 용기(Courage)다. 좌절이나 두려움을 극복하는 용기뿐만 아니라 옳지 않은 일에 대해 '아니요'라고 말할 수 있는 용기까지 포함한다. 특히 청소년 시기에는 또래 그룹을 통해 많은 유혹을 받는데 이때 '아니요'라고 말하는 용기를 가져야 한다고 전문가들은 조언한다.

또한 아이가 용기를 갖고 행한 일에는 반드시 칭찬을 해주어야 한다. 미국 엄마들은 "너는 똑똑해", "너는 용감해"처럼 아이 자체를 칭찬하기보다 행동에 초점을 맞춘다. "어려운 문제를 금방 풀다니 똑똑하구나" 또는 "혼자서 높은 미끄럼틀에서 내려오다니 용감하구나"처럼 상당히 구체적으로 말한다.

아홉 번째 인성은 책임감(Responsibility)이다. 자신의 말이나 행동에 책임을 지는 것을 말한다. 미국 엄마들이 아이들에게 집안일을 돕도록 하고, 어렸을 때부터 선택 기회를 주는 것은 모두 책임감을 키우기 위함이다.

책임감 있는 사람은 어떤 일이 잘못되었을 때 남의 탓을 하지 않는다. 독립적이며, 어려움을 극복하는 '탄력 회복성(Resilient)'도 강하다. 미국 엄마들은 아이를 어려움에서 구하기보다 그걸 이겨낼 수 있는 탄력 회복성을 키워주기 위해 노력한다.

마지막으로 열 번째 인성은 바로 시민 의식(Citizenship)과 애국심(Patriotism)이다.

좋은 시민이란 자기가 속한 사회와 나라를 위해 자신이 가진 유무형의 것을 나누고 공유할 수 있는 사람이다. 미국 사람들이 더 나은 사회, 더 나은 나라를 만들기 위해 노력하는 이유다. 그리고 세계 최강국 국민답게 더 나은 세계, 더 나은 세상을 만드는 데 일조해야 한다고 생각한다. 그 때문에 미국 아이들은 꿈이 크다. 이들에게 미국 최고가 된다는 것은 세계 최고가 된다는 것과 같은 의미다.

미국은 개인의 자유를 존중하는 동시에 상대방의 자유도 존중한다. 개인이 중요한 동시에 공동체도 중요하다. 미국 엄마들은 아이들에게 자신의 삶을 누리는 동시에 사회 구성원으로서 역할도 담당할 수 있는 시민 의식을 강조한다. 자유에는 책임이, 평등에는 존중이 따른다는 미국적 가치관을 심어주기 위해 노력한다.

평생 좋은 친구가 되어줄
7가지 습관

한국에 "세 살 버릇 여든까지 간다"는 속담이 있다면, 미국에는 "어릴 때 형성된 좋은 습관이 모든 것을 달라지게 만든다"는 격언이 있다. 철학자 아리스토텔레스가 남긴 말이다.

그래서인지 미국 엄마들은 아이들에게 좋은 습관을 만들어주는 일에 집중한다. 아이가 태어나면서부터, 그리고 적어도 세 살 정도까지 미국 엄마들이 중요하게 생각하는 키워드는 '좋은 습관'이다. 잘 만든 습관이 아이의 인생을 성공으로 이끄는 라이프 스킬(Life Skill) 중 하나라고 믿는다.

물론 미국 엄마들이 생각하는 성공은 한국 엄마들이 바라는 성공과 다르다. 미국 엄마들은 아이가 몸과 마음이 건강한 성인으로 자라길 기대한다. 성인이 됐을 때 육체적·정신적·정서적·경제적으로 자립할 수 있고 다른 사람을 도우며 사회에 보탬이 된다면, 그래서 그 삶이 만족스럽고 행복하다면 성공이라고 생각한다. 그 성공을 위해 부모가 할 일은 평생을 따라다닐 좋은 습관을 만들어주는 것이다.

처음 'Good Habit(좋은 습관)'이라는 단어를 들었을 때는 '존댓말을 쓰고 인사를 잘한다'처럼 예의 바른 걸 생각했다. 하지만 보기 좋게 틀렸다. 미국 엄마들이 말하는 좋은 습관이란 대부분 생활 습관이다. 그래서 좋은 습관은

'건강한 습관(Healthy Habit)'과 같은 의미로도 쓰인다.

좋은 습관 중 하나는 건강한 수면이다. 정해진 시간에 잠자리에 들고, 깊은 잠을 통해 충분한 휴식을 취하는 것을 말한다. 아기가 어릴 때부터, 많은 경우 생후 3~4일 병원에서 돌아온 뒤부터 수면 교육(Sleep Training)을 하는 이유도 여기에 있다. 건강한 수면 습관은 훈련으로 가능하며, 어릴 때 배울수록 아이의 삶에 도움이 된다고 여긴다.

잘 자는 법과 더불어 잘 쉬는 법도 좋은 습관에 포함된다. 한 육아 서적에선 두 돌 된 아이에게 가르쳐야 할 단어 중 하나로 'Rest(휴식)'를 꼽았다. 엄마가 적절한 휴식을 취함으로써 아이가 삶에는 휴식이 필요하다는 걸 배울 수 있도록 하라는 것이다.

건강한 식습관도 중요하다. 건강한 식습관에 관심 있는 미국 엄마들을 위한 전문가의 조언은 간단하다. 5대 영양소 골고루 먹기, 하루 3가지 저지방 유제품 먹기, 조금 적게 먹기가 그것이다.

'건강하게 잘 먹는 것'만큼 중요한 식습관이 또 있다. 정해진 자리에서, 정해진 음식을, 정해진 시간에 스스로 먹는 것이다. 집집마다 차이는 있지만 패밀리 룰이나 테이블 매너 등을 정해서 아이들이 아주 어릴 때부터 이를 가르친다. 여기서 어릴 때란 돌 이전, 혹은 그즈음을 말한다.

유치원에서도 마찬가지다. 아이들은 정해진 식탁에서만 음식이나 간식을 먹을 수 있다. 우유나 물도 마찬가지다. 집에서는 엄마가 숟가락을 들고 따라다녀야 겨우 밥을 먹는 한 한국 아이가 유치원에 가서는 한자리에서 의젓하게 식사하는 이중생활을 하고 있다는 이야기도 종종 들었다. 미국 엄마들은 가르치고 기다려주면 많은 게 가능하다고 믿는다. 그리고 일관성 있게 포기하지 않고, 될 때까지 그렇게 한다.

또 하나 중요한 습관은 충분한 수분 섭취다. 미국 친구 중에는 물병을 갖고 다니는 이들이 많은데 어릴 때부터 이어온 습관인 듯하다. 충분한 수분 섭취는 학교에서도 매우 강조하는 부분 중 하나다.

건강한 몸을 위한 규칙적 운동 역시 좋은 습관이다. 전문가들은 적어도 하루 1시간의 야외 활동을 권한다. 그리고 학창 시절에 운동 한두 가지는 꼭 배운다. 그래서 어른이 된 뒤에도 대부분 잘하는 운동 한두 가지는 있다. 운동으로 건강을 유지하고, 스트레스를 관리한다. 미국 엄마들이 씩씩해 보이는 이유는 어릴 때부터 운동으로 다진 근육 덕분이다.

그뿐만 아니라 미국 엄마들은 긍정적인 사고 또한 반복 학습으로 습관화할 수 있다고 믿는다. 같은 의미에서 부정적 생각, 부정적 언행도 습관이다. 따라서 어린 아이일수록 긍정적으로 생각하고, 자신을 건강하고 행복하게 만드는 결정을 내릴 수 있도록 도와줘야 한다고 생각한다. 자신을 사랑하는 법을 가르치는 것 역시 긍정적 사고를 갖는 데 도움이 된다.

그리고 마지막으로, 안전과 위생 관리도 좋은 습관이다. 아이가 스스로를 안전하게 지키는 법을 가르치는 것 역시 부모의 몫이다. 미국 엄마들이 헬멧이나 무릎 보호대 등의 안전장치와 안전 규칙을 거듭 강조하는 이유도 여기에 있다.

공중위생도 중요하다. 건강과 직결되는 부분이라 더욱 그렇다. 아이 스스로 위생 관리를 할 수 있도록 가르친다. 손을 자주 닦고, 하루에 적어도 두 번은 칫솔질을 하게 한다. 코피나 상처가 나서 피를 닦은 휴지는 반드시 휴지통에 버려야 한다.

이 밖에 미국 엄마들이 중요하게 생각하는 습관은 집집마다 다양하다. 어떤 엄마들은 독서나 일기 쓰기, 또 어떤 엄마들은 '감사합니다', '실례합니다', '죄송합니다' 등의 매직 워드를 좋은 습관으로 강조한다.

결국 미국 엄마들이 말하는 건강하고 좋은 습관이란 잘 자고, 잘 먹고, 잘 놀고, 잘 쉬는 것이다. 여기에 긍정적 사고방식까지 있으면 금상첨화이고, 자신과 타인을 위한 안전 및 위생 관리는 기본이다.

2-4
미국에서 중요한
생활 속 매너 20가지

나는 인터넷 포털사이트 '네이버(www.naver.com)'에서 'LA MOM의 미국에서 아이 키우기'라는 주제로 포스트(post.naver.com/lany08540)를 운영하고 있다. lany08540이라는 포스트 주소는 내가 미국에서 살았던 LA와 뉴욕(NY), 그리고 뉴저지주 프린스턴의 우편번호(08540)를 조합해 만든 것이다.

미국에서 아이 키우는 이야기가 궁금해서인지 꾸준히 팔로어가 늘고 있다. 인기가 많았던 게시물 중 기억에 남는 것은 '미국 아이들이 배우는 매너 20가지'라는 글이다. 육아 잡지 〈페어런츠〉가 소개한 '아이들이 알아야 할 매너 25가지' 중 비슷한 내용을 제외하고 20가지를 간추려 소개했는데 조회 수가 7만 회 이상을 기록했다.

미국 아이들이 배우는 매너는 너무나 기본적인 것들이다.

1. 부탁할 때는 'Please'라고 말하기

2. 무언가를 받으면 'Thank you'라고 말하기

3. 다른 사람 말할 때 끼어들지 않기

4. 불가피하게 끼어들어야 할 때는 'Excuse me'라고 말하기

5. 해야 할지 말아야 할지 모르겠으면 물어보고 허락받기

6. 문이 닫혀 있으면 노크하기

7. 별명 부르지 않기

8. 괴롭히거나 놀리지 않기

9. 싫은 것은 속으로 생각하기 (자신의 감정 표현도 중요하지만 상황에 따라 절제도 중요하다는 것을 동시에 가르쳐야 함)

10. 다른 사람의 수고를 인정하기 (공연을 보거나 음식을 먹을 때, 준비한 사람의 노력과 성의를 생각해서 자리에 끝까지 앉아 박수를 치고, 음식을 칭찬하는 법 가르치기)

11. 어른들이 부탁하면 미소로 답하기 (선생님이나 친척 등 아는 어른들에게 예의를 지켜야 하지만, 모르는 어른은 어린 아이에게 도움을 요청하지 않는다는 것도 동시에 가르쳐야 함)

12. 누군가 안부를 물으면 대답한 뒤에 상대는 어떤지 되묻기

13. 다른 사람의 외모를 부정적으로 말하지 않기

14. 욕하지 말고 짜증이나 화가 나면 그 감정에 맞는 적당한 단어를 찾아서 말로 표현하기

15. 친구 집에서 논 후에는 즐거운 시간을 보낼 수 있게 해준 친구 부모님께 감사하다고 말하기

16. 문을 열고 들어간 후 뒤에 오는 사람이 있으면 문 잡아주기

17. 누군가 무엇을 하고 있을 때 옆을 지나가면 "May I help you?(도와드릴까요?)" 하고 물어보기

18. 기침할 때는 입을 가리기

19. 전화 예절 지키기(내 이름 먼저 말하기, 상대가 통화할 수 있는지 물어보기)

20. 밥 먹을 때 테이블 예절 지키기(숟가락과 포크 제대로 사용하기, 냅킨은 무릎에 놓고 입 닦을 때 사용하기, 손에 안 닿는 것은 옆 사람한테 부탁하기, 입에 음식을 넣은 채로 말하지 않기)

사실 아이는 둘째치고 나부터도 지키지 못하는 것이 많아 자기반성 차원에서 소개했다. 독자들도 비슷한 생각이었던 것 같다. 아이들이 아니라 어른이 알아야 할 매너라면서 공감을 표한 사람이 많았다.

미국 엄마들을 보면 이러한 매너를 아이가 아주 어렸을 때부터 가르친다. 엄마 자신도 몸에 배어 있다. 특히 다른 사람의 말을 들을 때는 눈을 맞추고, 경청하고, 공감하고, 격려하는 대화 방식을 기본예절로 지킨다.

육아 서적에는 설거지할 때 아이가 오면 잠시 멈추고 눈을 맞추며 아이의 말을 들으라고 조언한다. 그런데 미국 엄마들은 아이뿐만 아니라 기본적으로 사람과 대화할 때 이렇게 한다. 처음엔 내가 이야기를 너무 재미있게 해서 그러는 줄 알았다. 물론 아니었다. 미국 사람들은 남의 말을 들을 때 진지하게 경청하도록 교육받는다. 그럴 수 없는 상황에선 "잠시만 기다려"라고

양해를 구한다.

어른들이 이야기할 때 아이가 끼어드는 경우도 많은데, 이때는 반드시 "지금 대화 중이니까 잠깐 기다려"라고 말한다. 이 아이와 이야기하면서, 저 아이를 도와주지 않는다. 멀티태스킹 관점에서 보면 동시에 하는 것이 효율적이라고 반문할 수도 있다. 그러나 사람을 대하는 것은 일이 아니다. 인격 대 인격으로 눈을 맞추는 것부터 시작이다.

매너, 즉 예의는 동서양을 막론하고 사람이 사람을 대하는 데 중요한, 그리고 기본적인 가치다. 서구 사회의 매너에 한국적 예의범절을 잘 접목한 예절 교육으로 우리 아이들이 글로벌 시대에 매너 있고 예의 바른 세계 시민으로 성장하길 기대한다.

2-5
만 3세, 프리스쿨에서 배우는 7가지 기본 교육

미국에서는 보통 만 3세 아이들을 프리스쿨러라고 부른다. 본격적인 교육을 시작하는 5세까지 두 살 정도가 남은 때라 사회성 발달에 중요한 시기로 꼽힌다. 갓난아기(Infant)를 지나 아장아장 걷는 아기(Toddler) 시기를 보내고 세 살이 된 아이들. 걷고, 말하고, 기저귀를 떼며 이제 막 세상에 궁금한 것이 많아진 이 아이들은 과연 무엇을 배울까.

프리스쿨러는 유치원, 곧 '프리스쿨(Preschool)'에 다니는 아이를 말한다. 프리스쿨 외에도 데이 케어(Day Care), 프리-K(Pre-K)라고도 하는데 조금씩 어감이 다르다. 교육적 측면이 강한 프리스쿨에 비해 데이 케어는 '하루 종일 아이를 봐주는 곳'이라는 뜻으로 통한다. 데이 케어에서 3세 이상의 아이들 반에 프리스쿨 프로그램을 운영하기도 한다.

프리-K는 본격적인 공립 교육을 시작하는 킨더가튼(Kindergarten: 공립 초등학교 1학년 이전에 다니는 유치원으로, 초등학교에 같이 있다)의 전 단계(Pre)란 뜻이다. 킨더가튼을 5세에 갈 수 있기 때문에 보통 4세 아이들이 다니는 프리스쿨 프로그램을 프리-K라 부르기도 한다. 프리스쿨이나 킨더가튼은 지역마다 제도나 그해 진학 가능한 아이들의 생년월일이 다르기 때문에 거주 지역 학군에 알아보는 것이 가장 정확하다.

요즘은 홈 스쿨링이 늘어나는 추세라 그 또래가 모두 프리스쿨에 다니는 것은 아니다. 특히 전업맘은 집에서 데리고 있는 경우도 적지 않다.

내 친구 스테파니는 캘리포니아로 이사 오기 전 초등학교 선생님이었다. 그녀는 큰애를 프리스쿨에 보내는 대신 동네의 친한 엄마들과 공동 육아를 했다. 한 뉴요커 친구는 타 문화에 관심이 많아 아이를 스페인어 프리스쿨에 보내기도 했다. 이처럼 미국에서 아이 교육법은 천차만별이다.

이렇게 아이를 가르치는 방법은 다르지만 세 살 정도부터 배우는 내용은 비슷하다. 알파벳을 외우거나 낱말 카드 사진을 보고 단어를 말하는 것이 아니다. 자기 물건은 스스로 치우기, 순서 지키기, 감정 조절하기 등 삶에 필요한 능력을 가르친다. 작은 것부터 훈련하며 자립심과 책임감을 배우는 것이다.

다음은 프리스쿨러가 유치원이나 엄마한테 배우며 키워나가는 능력을 키워드로 정리한 것이다(육아 잡지 〈페어런츠〉 참고).

• 자립심 키우기

미국에서는 만 3세면 아이가 꽤 많은 것을 스스로 할 수 있는 나이라고 생각한다. 교육 전문가들은 아이 자신이 할 수 있는 일을 늘려주고, 스스로 하려는 것은 아이에게 맡기라고 조언한다. 아이가 실수를 통해 배우고 깨달을 수 있도록 '실수할 기회'를 허락하라는 것이다.

세 살 정도면 손 닦기나 코 풀기를 비롯해 스스로 가방을 열고 닫을 수 있다. 옷의 단추나 지퍼도 스스로 채울 수 있다. 또 스스로 옷을 골라 입는다. 유치원에 가기 전날 밤 아이와 다음 날 입을 옷을 고르고, 아침에는 스스로 옷을 입는 환경을 만들어주라고 전문가들은 조언한다. 어른들의 기대보다 오래 걸릴 수 있기 때문에 충분한 시간을 주는 것이 좋다. 부모는 가만히 지켜보다 아이가 요구할 때만 도와준다.

• 감정 다루기

이 시기 아이들은 다양한 감정을 경험한다. 특히 부정적 감정이 폭발할 때는 아이 자신도 이를 어떻게 다뤄야 할지 잘 모른다.

감정에 이름을 붙이고 그걸 어떻게 다뤄야 하는지 가르쳐주면 아이는 안정감을 느낄 수 있다. 물론 프리스쿨에서 교사들에게 배우는 것이지만, 부모가 집에서 감정 다루기 연습을 해주면 아이는 유치원 생활을 좀 더 원만하게 해나갈 수 있다.

많은 경우 아이가 울거나 짜증을 내면 부모는 당황한다. "울지 마!", "뚝 그쳐!" 하고 윽박지르거나 "애기같이 굴지 마!" 하고 아이의 감정을 무시하는 실수를 범할 수도 있다. 그러나 아이는 지금 그 감정이 무엇인지, 자신이 왜 그렇게 행동하는지 모른다.

이때는 "피곤해서 짜증이 나는구나", "친구가 장난감을 빼앗아서 화가 났구나" 하는 식으로 상황과 감정을 연결해 언어로 표현하는 것이 좋다.

아이가 계속 화를 내면 스스로를 진정할 기회를 줘야 한다. "진정이 되면 엄마한테 무슨 일인지 이야기해주렴." 아이가 스스로 진정한 뒤 말로 자신의 감정을 표현할 여지를 남겨두는 것이다.

• **정리 정돈하기**

장난감은 물론 옷도 자기 스스로 치울 수 있게 가르쳐야 한다. 프리스쿨에 가면 자기 이름이 적힌 커비(cubby: 사물함)가 생기는데 그곳에 가방이나 옷을 넣고 물건을 정리한다.

아이가 정리 정돈을 힘들어하면 여러 가지 색상의 큰 박스를 이용해 거기에 넣어야 할 종류를 정해주는 것도 좋은 방법이다. 예를 들어 빨간 상자에는 인형, 파란 상자에는 블록, 노란 상자에는 색연필을 넣는 식이다. 정리 정돈을 주제로 한 노래를 함께 부르거나 정리 정돈 후 스티커를 상으로 주는 방법도 활용할 수 있다. 아이의 행동을 적극적으로 칭찬하는 것은 잊지 말아야 할 팁이다.

• 사회성 키우기

두 살 반 정도 되면 아이들의 사회성이 급격하게 발달한다. 이 시기 아이들은 긍정적 상호 작용을 경험하면서 사회성을 키워나간다.

프리스쿨 교사들에 따르면 부모가 아이를 프리스쿨에 보내기 전에 해봐야 할 질문은 다음과 같다. 아이가 친구와 장난감을 함께 갖고 놀 수 있는지(Share), 순서를 지킬 수 있는지(Take Turns), 친구들과 함께 어울릴 수 있는지, 역할놀이를 같이할 수 있는지 등등.

대부분의 아이들은 또래와 놀면서 자연스럽게 위와 같은 능력을 키운다. 그러나 이런 기회가 적어 아직 또래와 어울리는 능력이 부족하다면 프리스쿨에 보내기 전 플레이 데이트 기회를 만들어주는 것이 좋다.

메릴랜드주 아빙던에 있는 더 키디 아카데미(The Kiddie Academy)의 클레어 하스(Claire Haas) 부원장은 지역 언론과의 인터뷰에서 이렇게 말했다. "프리스쿨에서는 학습 능력보다 사회성이 훨씬 중요하다. 아이를 프리스쿨에 보낼 생각이라면 아이가 엄마와 떨어질 수 있는가, 배변 훈련이 됐는가, 그리고 학교에서 일어난 일을 집에 돌아와 잘 설명할 수 있는가 등을 질문해봐야 한다."

• 예의범절 갖추기

기본 예의를 갖추는 것도 중요하다. 프리스쿨에선 본격적인 단체 생활을 시작하므로 한자리에 앉아서 음식 먹기, 입을 꼭 다물고 음식물이 보이지 않게 씹기, 입에 음식을 넣은 채로 말하지 않기, 식사 시간에 떠들지 않기 등의 기본적인 테이블 매너를 지켜야 한다.

그 밖에 선생님 말씀 따르기, 선생님이나 친구가 말하고 있을 때 끼어들지 않기 등의 기본 매너도 아이들이 미리 알고 있으면 지적보다 칭찬을 받으며 학교생활을 한층 즐겁게 할 수 있다.

• 의사소통 능력 향상

이 시기 아이들은 사회성과 더불어 언어 능력도 크게 발달한다. 세상 모든 게 궁금해서 질문을 하는데, 이때가 바로 의사소통 능력을 향상시킬 수 있는 좋은 기회다.

아이 스스로 관심을 보이며 사물에 대해 또는 상황에 대해 질문할 때, 그 기회를 놓치지 말고 적절한 단어와 문장으로 표현해주면 학습 능력이 크게 향상될 수 있다. 자신이 먼저 궁금해서 물어본 것이기 때문에 귀 기울여 듣고, 또 다른 질문으로 이어질 수 있다. 말하고 듣기는 학교생활의 성패를 좌우할 만큼 중요한 능력이다.

• 이름과 전화번호 외우기

아이가 자신의 이름, 부모님 이름, 집이 있는 길 이름, 전화번호를 외우는 것은 기본 중 기본이다.

너무 어린 아이라면 전화번호까지 외우는 것은 힘들 수 있다. 이때는 장난감 전화기로 번호 누르기 연습을 해볼 수 있다. 음식 알레르기가 있거나 갑자기 발병하는 병이 있다면 그 내용을 간단하게 적은 팔찌를 착용하는 것도 아이를 보호하는 좋은 방법이다.

괴롭히는 친구를 대하는
10가지 방법

내 오랜 친구 스테파니 가족과 저녁 약속이 있었다. 아이를 데리러 유치원에 갔는데, 딸아이가 울면서 나왔다. 새로 산 바지를 친구들이 잠옷 같다며 놀렸다고 했다. 누가 그런 소리를 했냐며, 그럴 때 가만히 울고만 있었냐며 아이를 다그치는데 스테파니가 무슨 일인지 물었다.

잠시 후 나에게 양해를 구한 스테파니는 딸아이와 대화를 시작했다. 나는 학교 선생님이던 스테파니가 찡찡거리는 아이의 울음을 멈춰주는 동시에 이 난감한 문제를 해결해주길 바랐다.

"그레이스, 무슨 일이 있었는지 이야기해줄 수 있어?"

스테파니는 살짝 무릎을 굽히고 앉아 아이와 눈을 맞추며 물었다.

"네. 친구들이 이 바지가 잠옷 같대요. 내가 잠옷을 입고 왔다고 놀렸어요."

"그랬구나. 속상했겠다."

"네, 슬펐어요."

"그레이스는 이 바지가 어떤 것 같은데? 잠옷 같아?"

"아뇨, 나는 좋아요. 가볍고요."

"나도 이 바지가 멋있어. 엄마는 어떻게 생각하는지 물어볼까?"

나도 엄지손가락을 치켜세우며 멋있다고 말해줬다. 차근차근 이야기를 풀어가는 스테파니의 모습을 보니 유치원 선생님들과 비슷했다. 미국 선생님들은 하나같이 아이와 눈을 맞추고, 무슨 일이 있었는지 설명해달라고 한 뒤, 아이의 감정을 단어로 표현해준다. 그리고 해결 방법을 아이에게 묻는다. 스테파니도 같은 수순을 밟고 있었다.

"다음번에 친구들이 또 그렇게 말하면 어떻게 해야 좋을까?"

스테파니의 질문에 아이는 선뜻 대답하지 못했다. 내가 답답해서 끼어들려 하는데, 스테파니는 아이 눈을 바라보며 가만히 기다렸다.

"스테파니 이모라면 어떻게 말하겠어요?"

아이가 스테파니에게 되물었다.

"글쎄, 내가 너라면…… '너한테는 이게 잠옷 바지 같구나. 그렇게 보일 수도 있겠다. 하지만 그 말을 들으니 내 마음이 안 좋아. 그렇게 말하지 않았으면 좋겠어. 이건 내가 좋아하는 멋진 바지야' 하고 말할 것 같아. 친구가 잘 몰라서 그렇게 말했을 수도 있으니까 설명해주는 거야. 그레이스 생각은 어때?"

아이는 고개를 끄덕였다. 스테파니는 딸아이와 역할을 나눠서 연극처럼 대사를 주고받았다. 아이는 이내 자신감을 되찾은 듯 보였다.

스테파니는 학교생활을 하다 보면 친구들이 놀리는 경우가 있는데, 이때 대처하는 방법을 알려주는 것이 좋다고 했다. 프리스쿨이나 킨더가튼, 초등학교 아이들은 나쁜 의도를 가지고 놀리기보다 자신과 다른 것, 낯선 것에 거부감을 느낀다. 때론 그걸 놀리는 행동으로 표현한다. 이럴 때 대처하는 법을 알려주면 아이 스스로 상황을 해결했다는 자신감을 얻을 수 있다는 얘기였다.

전문가들에 따르면 아이들은 여러 가지 이유로 친구를 놀린다. 첫 번째는 다름에 대한 이해 부족이다. 스테파니가 말한 경우다. 중·고등학생들의 왕따와 달리 어린 아이들 사이에서 일어나는 놀림은 자기와 다른 것을 어떻게 받아들이고 이해해야 할지 몰라서 일어나는 경우가 상당수다.

두 번째는 주변 사람들의 주의를 끌기 위해서다. 남들이 자신에게 무관심한 것을 참지 못하고 스스로 사고를 치거나 다른 사람을 놀리는 방법을 통해 시선을 끄는 것이다.

세 번째는 누군가를 따라 하는 것이다. 형제나 자매, 친구 등에게 놀림을 당한 아이는 이를 흉내 내며 다른 사람을 놀릴 때가 있다.

네 번째는 자신의 우월성을 드러내기 위함이다. 놀리는 행동을 통해 자신이 그 애보다 우월하다는 것을 보여주고 싶어 한다. 중·고등학생들의 왕따는 이런 심리에서 비롯된 경우가 많다.

그렇다면 친구들의 놀림에 어떻게 대처해야 할까. 같이 놀리는 것이 최선일까? 물론 놀리는 행동이 너무 심하고, 계속된다면 선생님이나 어른들에게 이야기해야 한다. 그러나 아이 스스로 그 상황에 즉각적으로 반응하고, 해결책을 찾을 수 있다면 더 좋을 것이다.

주디 프리드먼(Judy S. Freedman)은 자신의 저서 〈이징 더 티징(Easing the Teasing)〉에서 친구의 놀림에 대처하는 10가지 방법을 소개한다.

• 스스로 묻기(Self-Talk)

친구가 놀리는 말을 했을 때 스스로에게 물어본다. '저 말이 사실인가?' 딸아이가 울 때 스테파니는 "너는 어떻게 생각하는데?" 하고 아이의 의견을 물었다. 스테파니와 대화를 나누는 사이 아이는 친구들은 바지를 잠옷 같다고 했지만, 자신은 좋아한다는 걸 알았고, 주변의 지지를 받아 자신감을 얻었다.

내 삶의 주인은 나이며, 나에겐 내 의견과 내 생각이 가장 중요하다는 사실을 인식하도록 해주는 것이다.

• **무시하기**(Ignore)

말 그대로 무시하는 방법이다. 놀리는 아이는 상대방의 반응을 즐기는 경우가 많다. 놀림에 화를 내거나 우는 것은 상대가 원하는 대로 해주는 것이다. 친구가 놀렸을 때 아무런 반응도 하지 않거나 가능하다면 그 자리를 떠난다. 계속 따라와서 놀린다면 당연히 어른이나 선생님에게 도움을 청한다.

• **I-메시지로 말하기**(The I-Message)

상대의 말이나 행동에 적극적으로 대응하는 방식이다. 학교나 특별 활동 그룹처럼 교사나 보호자가 있는 상황에서 효과적이다. "네가 그렇게 말하니까(행동하니까) 내 마음이 안 좋아(속상해, 화가 나 등). 그만했으면 좋겠어" 하고 자신의 감정과 필요를 표현하는 것이다. 스테파니가 딸아이에게 가르쳐준 말이다. 이때는 상대의 눈을 똑바로 보고, 정중한 목소리로 확실하게 말한다.

• **시각화**(Visualization)

눈에 안 보이는 놀림을 시각화해서 생각하는 것이다. 예를 들면 '친구가 한 말을 공으로 만들어서 뻥 차버려야겠다'고 생각하는 것도 한 방법이다. 놀리는 친구의 말이 자신에게 다가오지 못하도록 의식적으로 생각을 차단한다.

• **의식 전환**(Reframing)

놀림을 칭찬으로 받아치는 방법이다. 어떤 아이가 안경 쓴 친구한테 "눈이 4개래요" 하고 놀렸다면 이를 "응, 고마워. 내 눈이 4개인 것을 알아봐줘서"라고 대답하는 식이다. "고마워, 네 의견을 참고할게" 하는 대답도 여기에 속한다. 그러면 오히려 놀린 친구가 당황하고 만다.

• **동의하기**(Agree with The Fact)

놀리는 내용에 '쿨'하게 동의하는 것이다. 전문가들은 이것이 놀림에 대응하는 가장 쉬운 방법이라고 말한다. 예를 들어 누가 "주근깨가 많대요" 하고 놀리면 "응. 난 주근깨 많아" 하고, "울보래요"라고 놀리면 "응. 난 울보야" 하고 감정 동요 없이 동의하는 것이다. 역시 놀리는 친구가 적잖이 당황할 것이다.

• **'그래서?'라고 반문하기**(So?)

놀리는 친구한테 "그래서?"라고 대답한다. 상대의 말이 나에게 아무런 문제도 되지 않는다는 뜻이 담겨 있다. "그래서 뭐가 어떤데?"라고 답하면 놀리는 의미도, 재미도 없다.

• **칭찬으로 답하기**(Respond to the Teaser with a Compliment)

놀리는 친구한테 칭찬으로 답해준다. 달리기를 못한다고 놀리면 "너는 정말 잘 달리는구나", 안경을 썼다고 놀리면 "나도 너처럼 잘 보이면 좋겠다"라고 대답하는 식이다.

- **유머로 받아치기**(Use Humor)

미소를 짓거나 크게 웃는다. 웃음은 상처받거나 심각해질 수 있는 상황을 그냥 넘어가게 만들어주기도 한다.

- **도움을 청한다**(Ask for Help)

어른이나 선생님, 보호자 등에게 말한다. 즉각적이고 가장 효과적이다. 위의 방법을 다 썼는데도 놀림을 계속한다면 어른의 개입이 필요하다. 이는 유치원이나 초등학교 저학년 정도까지 적당하다. 아이가 문제 해결을 계속 이 방법으로만 한다면 고자질쟁이로 또 다른 놀림을 받을 수 있다. 아이와 대화하며 다른 방법도 있다는 것을 가르치고 스스로 문제를 해결할 수 있도록 도와준다.

그렇다면 잠옷 바지 때문에 놀림을 당한 딸아이는 어떻게 됐을까. 며칠 뒤 그 바지를 다시 입고 유치원에 가고 싶은지 물었다. 아이들이 놀려서 싫다고 하면 입히지 않을 생각이었다. 아이는 잠시 생각하더니 입고 가겠다고 했다. 자기가 좋아하는 옷이라고도 했다. 우리는 유치원으로 가는 길에 스테파니가 가르쳐준 말을 몇 번 더 연습했다.

유치원이 끝났을 때, 멀리서 아이가 웃으며 뛰어왔다.

"엄마, 찰스가 이 바지가 또 잠옷 바지 같다고 했어. 그래서 내가 '너한텐 이게 잠옷 바지 같구나. 아닌데 그렇게 말하면 속상해. 그렇게 말하지 말았으면 좋겠어. 이건 내가 좋아하는 바지야' 하고 말했어."

"그랬더니 찰스가 뭐래?" 친구 반응이 더 궁금했다.

"아, 그렇구나' 하고 가버렸어."

아이들 사이에서 벌어지는 일은 의외로 간단히 해결되기도 한다. 이때 부모는 아이를 대신해 싸우거나 나서서 문제를 해결하기보다 아이의 능력을 믿고 기다리는 인내심이 필요하다.

아이한테 무슨 일이 생기면 같이 흥분하거나 다그치는 나와 달리 미국 엄마들은 대부분 차분하다. 냉철하게 사태를 파악하고 문제 해결법을 제시한다. 아이에게 방법을 알려주거나 찾을 수 있는 기회를 준다. 자기 문제를 해결할 사람은 결국 자기 자신임을 어렸을 때부터 교육한다. 부모는 문제를 해결해주는 사람이 아니라 함께 풀어가는 사람이라고 가르친다.

해냈을 때는 칭찬을, 하지 못했을 때는 격려를 해주는 것이 부모 몫이라고 여긴다. 본인이 그렇게 컸기에 그렇게 할 줄 아는 것 같다. 미국 엄마들의 차분함과 냉철함, 무엇보다 닮고 싶은 모습이다.

2-7
손가락 5개로 기억하는
갈등 해결법

LA에는 수많은 한인이 각계각층에서 활발하게 활동하고 있다. LA에서 신문사 기자로 일할 때부터 교육 분야에 관심이 많아 여러 선생님을 자주 만났다. 그리고 학교로 취재를 갈 때마다 꼭 물어보는 질문이 있었다.

"한국 엄마들과 미국 엄마들은 어떻게 다른가요? 한인 학부모님들에게 해주고 싶은 조언은 없으신가요?"

미국에서 아이들을 키우는 한인 엄마들에게 조금이라도 도움이 되는 글을 쓰고 싶어서였다. 경쟁적인 한국식 교육에서 탈피하고자 미국에 왔지만 여기서도 똑같이 경쟁적 입시 교육을 하고 있는 모습이 안타깝기도 했다.

교육계 관계자들은 하나같이 한인 학부모의 자녀에 대한 관심과 교육열은 크게 칭찬했다. 그런데 아쉬운 점으로 한인 아이들의 학교생활 태도를 꼽았다. 타 민족 아이들에 비해 상대적으로 학교에서 발생하는 크고 작은 문제에 대처하는 능력이나 갈등 해결 방법이 떨어진다는 지적이었다. 학업과 학교생활에서 균형을 맞출 수 있다면 더없이 좋을 것이라는 의미였다.

예를 들면 이런 경우다. 어느 날 한 한국 아이가 하교 시간에 학교 운동장에서 울고 있었다. 엄마가 데리러 오지 않는다며 막무가내로 울기만 했다. 지나가던 선생님이 아이를 진정시키고 곁에서 한참을 돌봐주었다. 미국 초등학교에서는 등하교 때 반드시 학부모가 동행해야 한다.

반면 어떤 아이는 하교 시간이 조금 지난 후 교무실로 찾아왔다. 약속 시간이 지났는데 엄마가 오지 않는다며 엄마한테 전화를 해줄 수 있냐고 물었다. 엄마가 제시간에 오지 않으면 이렇게 하라고 했다는 것이다. 그러곤 또 박또박 엄마 전화번호를 말했다. 영어권 미국 아이였다.

단적인 예지만 같은 일을 대하는 두 아이의 태도는 너무나 달랐다. 특히 미국 엄마들은 아이의 학업 능력 향상 이전에 문제 해결이나 갈등 해결 능력에 관심이 더 많다. 오히려 초등학교 때는 공부나 성적보다는 일상생활을 잘하고 친구를 잘 사귀는 소셜 스킬(Social Skill) 향상에 초점을 맞춘다. 소셜 스킬 중 문제 해결이나 갈등 해결 능력은 초등학교에서 매우 중요하게 여기는 부분이다.

문제 해결이나 갈등 해결에 필요한 능력은 비슷하면서도 다르다. 전자는 보통 개인에게 생긴 문제들을 해결하는 과정으로 혼자서 풀어갈 수 있다. 반면 후자는 두 사람 사이에 생긴 문제라 상대방과 함께 풀어야 한다. 대화나 경청 등의 커뮤니케이션 기술은 물론 토론, 중재, 합의 등 다방면의 능력이 필요하다.

미국 아이들은 이러한 능력을 유치원에서부터 배우고 연습한다. 특히 유치원에서 배우는 것은 5단계로 구성된 것이 많다. 다섯 손가락을 이용해 기억하기 쉽게 가르치기 위해서다.

이를테면 문제 해결 방법은 1. 문제 인식, 2. 방법 찾기, 3. 선택하기, 4. 적용하기, 5. 평가하기로 나뉜다. 첫 단계는 말 그대로 문제를 인식하는 단계다. 두 번째 단계에서는 이 문제를 해결할 수 있는 방법을 생각한다. 세 번째는 여러 방법 중에서 자신이 원하는 것을 선택한다. 이때는 안전한 방법인지, 다른 사람의 감정을 해치지 않는지, 공평한지, 실천 가능한지 등을 고려한다.

네 번째는 선택한 방법을 적용하는 단계다. 자신이 선택한 방법으로 문제가 풀릴 수도, 여전히 막힐 수도 있다.

그래서 다섯 번째 자신이 선택한 방법을 평가해보는 단계가 필요하다. 문제의 해결 유무에 따라 다시 두 번째 단계로 돌아가면 된다.

갈등 해결 단계도 비슷하다. 일반적으로 1. 갈등 인식, 2. 설명하기, 3. 듣기, 4. 해결책 찾기, 5. 선택하기 순서다. 첫 단계는 문제 해결 때와 마찬가지로 일단 갈등이 있다는 것을 인식한다. 두 번째는 갈등 상황을 설명하고, 세 번째는 상대방의 이야기를 듣는 단계다. 갈등은 대부분 2명 이상의 관계에서 발생하기 때문에 설명하기와 듣기 단계가 중요하다. 문제 해결 단계에는 없는 순서인데 이를 통해 공감 능력이 향상된다.

서로 충분한 대화와 토론으로 설명하기와 듣기를 충족했다면 네 번째 단계인 해결책 찾기로 넘어간다. 갈등을 해결하기 위해 할 수 있는 일이 무엇인지 생각하는 것이다.

그리고 다섯 번째는 해결책 선택하기. 앞 단계에서 나온 해결책 중 서로가 '윈-윈(Win-Win)' 할 수 있는 가장 좋은 방법을 선택한다. 그리고 가능하다면 문제 해결 단계와 마찬가지로 선택한 방법을 적용해보고 모두가 만족하는지 평가해보는 것이 좋다.

미국 엄마들은 아이에게 문제 해결이나 갈등 해결 방법을 가르치기 위해 '선택의 수레바퀴(The Wheel of Choice)'를 많이 사용한다. 문제 해결 수레바퀴(Problem Solving Wheel) 또는 갈등 해결 수레바퀴(Conflict Resolution Wheel)라고도 부른다.

동그란 원을 여러 칸으로 나누고 각각의 칸에 문제나 갈등이 생겼을 때 선택할 수 있는 다양한 해결 방법을 적는다. 피자가 한 판 있는데 각각의 조각에 해결 방법이 한 개씩 적혀 있는 것을 상상하면 된다.

일반적으로 제시하는 해결 방법은 1. 잠시 멈추고 진정한다 2. 다른 놀이를 한다 3. 문제가 된 물건을 없앤다 4. 순서를 정해서 같이 논다 5. 그림을 그린다 6. 상대가 한 말을 무시한다 7. 그 상황에서 벗어난다 8. 상대에게 멈추라고 말한다 9. 내가 사과한다 10. 어른들에게 도움을 청한다 11. 학급 회의 시간에 논의한다 등이다.

이 수레바퀴를 처음 본 것은 미국 친구 애니의 집에 놀러 갔을 때다. 아들 방 벽에 문제 해결 수레바퀴가 붙어 있었다. 삐뚤빼뚤한 글씨를 보니 다섯 살 된 아들이 직접 쓴 것 같았다. 두 살 된 동생과 장난감 때문에 싸워서 같이 만들었다고 했다.

애니는 "갈등이 생겼을 때 동생을 때리거나 자신이 울어버리거나, 또는 장난감을 빼앗는 것 외에 선택할 수 있는 다른 해결 방법이 있다는 걸 가르쳐주기 위해 만들었다"고 말했다. 처음엔 문제가 생기면 수레바퀴에서 해결책을 찾아보도록 했는데, 요즘은 동생에게 다른 장난감을 주고 빼앗긴 장난감을 찾아오거나 각자 자신의 장난감 통을 만들자고 제안하는 등 수레바퀴에 없는 해결 방법을 생각해낸다면서 기특해했다. 문제 해결 방법을 선택할 수 있다는 개념이 생기자, 아이 스스로 창의적인 해결법을 고안해낸 것이다.

살면서 생기는 문제를 해결하고 인간관계의 갈등을 풀어가는 일은 인생에서 매우 중요한 부분인데, 한국에서 자란 나는 이를 제대로 배워본 적이 없다. 반면 미국 아이들은 내가 사회생활을 하면서 시행착오를 거쳐 터득하고 있는 삶의 기술을 어렸을 때부터 배운다. 미국 엄마들 역시 어릴 때부터 이렇게 배우고 경험하며 자랐기에 어른이 되어 어떤 일이 생기면 침착하게 문제 해결 방법을 모색할 수 있는 것 같다.

'어쩌면 저렇게 침착할까. 어쩌면 저렇게 해결해나갈까' 하고 부러울 때가 많았는데, 질문의 답은 오랜 경험과 훈련이었다.

미국 부모가 거울을 보며
강조하는 10가지

미국 동부 버지니아주에 사는 론 알스톤(Ron Alston)은 매일 아침 세 살 된 딸 알리야(Aliya)와 하는 일이 있다. 유치원 등교를 앞두고 아버지와 딸은 욕실 거울 앞에 선다. 그리고 아버지 론이 먼저 외친다.

"나는 강합니다."

딸 알리야가 따라 한다.

"나는 강합니다."

다시 아버지가 말한다.

"나는 똑똑합니다."

알리야 차례다.

"나는 똑똑합니다."

아버지의 외침이 한 문장씩 계속 이어지고, 딸아이가 또박또박 따라 한다.

"나는 아름답습니다."

"나는 아름답습니다."

"나는 존중받습니다."

"나는 존중받습니다."

그리고 아버지가 딸에게 꼭 하고 싶은 말이 이어진다.

"나는 다른 사람보다 잘나지 않았습니다. 다른 사람도 나보다 잘나지 않았습니다."

그리고 아버지가 묻는다.

"만약에 넘어지면?"

"다시 일어설 수 있습니다."

아버지 론 알스톤은 딸과 찍은 이 동영상을 2016년 9월 자신의 페이스북과 유튜브 등의 웹페이지에 올렸다. 이 동영상은 140만 명 이상이 보고 언론이 잇따라 보도하는 등 큰 반향을 불러일으켰다.

유튜브 등 동영상 공유 페이지에는 이를 패러디한 또 다른 동영상들이 속속 올라왔다. 엄마와 아들이 큰 소리로 "나는 똑똑합니다"를 외치는 장면도 있고, 여러 명의 아빠가 각자의 딸과 "나는 두렵지 않습니다", "나는 사랑받습니다. 나는 다른 사람들을 사랑합니다" 등의 문장을 거울 앞에서 말하는 모습이 올라오기도 했다.

론 알스톤은 언론 인터뷰를 통해 "아버지와 매일 아침마다 해오던 우리 집 전통이다. 딸아이가 자신감을 갖기 바란다"면서 "자신이 다른 사람보다 잘난 것은 아니지만 그렇다고 남들보다 못나지도 않았다는 사실을 알려주고 싶었다"고 말했다.

이는 미국 부모들이 아이들에게 강조하는 자신감, 그리고 너와 내가 동등하다는 평등의 메시지에 다름 아니다. 미국에서는 특히 여자아이도 남자아이처럼 씩씩하게 키운다. 인간은 누구나 평등하며, 성이나 인종·종교·나이 등의 이유로 차별할 수 없다는 게 미국이 내세우는 중요한 가치다.

그래서 미국 엄마들은 아이가 말을 알아들을 때부터 3가지를 강조한다. 나를 존중하고(Respect myself), 다른 사람을 존중하고(Respect others), 환경을 존중하라(Respect environment)는 것이다.

한국 엄마들이 일반적으로 어린 자녀에게 '자신이나 다른 사람을 다치게 하는 행동'을 제외한 나머지를 허용하는 기준을 가지고 있다면, 미국 엄마들은 '자신과 다른 사람과 주변 환경을 존중하지 않는 행동'을 금지한다. 어떤 행동으로 다른 사람이나 내가 다치지 않았어도, 그게 타인이나 나를 존중하지 않는 행동이라면 단호하게 "No"라고 말한다.

예를 들어 타인과 대화 중 다른 곳을 보는 것, 친구의 작품을 나쁘게 평가하는 것, 시간을 지키지 않는 것 등은 모두 타인을 존중하지 않는 행동이다. 이는 많은 경우 미국 사람들이 갖춰야 한다고 생각하는 매너와 연결된다.

타인을 존중하고 예의를 지키지만, 그렇다고 일방적으로 헌신하거나 희생하지는 않는다. 나를 함부로 대하는 사람에게 'Stop'이라 말하고, 술이나 담배 등에 의존하지 않고, 규칙적인 운동으로 건강을 돌보고, 긍정적 사고방식을 갖고, 좋은 영향력을 미치는 사람들과 관계를 맺는 것 등은 모두 나 자신을 존중하는 행동이다.

미국 엄마들이 자기 관리, 즉 셀프케어(Self-Care)를 중시하는 이유도 어려서부터 나를 존중하는 것이 중요하다는 걸 배웠기 때문이다. 나를 존중하는 것이 항상 다른 사람을 존중하는 것보다 앞선다.

주변 환경을 존중하는 것은 자연을 보호하고, 내가 속한 지역 사회의 발전을 고려하는 것 등이 해당한다. 실내에서는 뛰지 않는 것, 쓰레기를 함부로 버리지 않는 것, 지역 사회를 위한 자원봉사에 동참하는 것 등은 모두 내가 속한 환경을 존중하는 마음에서 나오는 행동이다.

나를 존중하고, 남을 존중하고, 우리가 속한 환경을 존중하는 것이야말로 알리야의 아빠는 물론 미국 부모들이 자녀에게 항상 강조하는 정신이다.

그렇다면 아빠와 딸의 동영상은 어떻게 끝날까?

알리야의 아빠가 딸에게 묻는다.

"너는 누구니?"

"축복받은 사람이에요."

아빠는 딸과 함께 마지막 문장을 이어간다.

"하나님, 나를 최고로 만들어주셔서 감사합니다. 세상에 나보다 더 나은 사람은 없습니다."

세상에서 내가 제일 잘났으니 남을 무시하라는 뜻이 아니다. 문맥을 살펴보면 나는 최고의 걸작품으로 태어났으며 우리는 모두 그렇게 만들어져 평등하다는 의미다.

그리고 아빠는 딸에게 손바닥을 펼쳐 보인다. 딸아이의 작은 손이 아빠의 손바닥에 부딪히며 경쾌한 소리를 냈다. 하이파이브. 누군가를 응원하거나 칭찬할 때, 격려할 때 미국 사람들이 가장 흔히 하는 행동이다. 아빠는 그렇게 딸의 하루를 응원했다.

알리야의 아빠처럼 길게는 아니더라도 미국 부모들은 짧은 문장 속에 자녀 양육철학을 담아 가르친다. 아이들이 외울 정도로 짧은 경우가 많다. 딸아이가 친구에게 들었다면서 몇 가지를 말해줬는데 "Sharing is caring(나눔은 돌봄이다)"과 "Practice makes perfect(연습이 완벽을 만든다)"가 가장 기억에 남는다. 그 뒤로 우리 집에서도 자주 쓰는 말이다.

아이들이 무엇인가를 놓고 다툴 때 "이거 혼자 갖지 말고 나눠야지"라고 말하는 대신 "Sharing is?" 하고 물으면 아이는 "Caring"이라고 답한다. 피아노 연습을 싫어하거나 낙담했을 때는 "Practice makes?"라는 구절이 유용하다. 그러면 아이는 "Perfect"라고 답하며 용기를 얻는다.

미국 부모들의 지혜가 묻어 있는 짧은 문장은 실생활에 적용하기 쉽다. 한국 엄마들이 잔소리 대신 활용할 수 있는 긍정적 자녀 양육 팁이 되길 바란다.

2-9

분노와 긴장을 줄이는 8가지 동물놀이

딸아이가 네 살 반 정도 됐을 때 일이다. 내가 일하는 상담소에서 오전 내내 부모 교육 세미나가 있어 퇴근 후에는 몸이 무척 피곤했다. 아마도 내가 아이한테 퉁명스럽게 말하며 짜증스러운 표정을 지었던 모양이다. 아이가 두 눈을 동그랗게 뜨고 나를 바라보더니 말했다.

"엄마, 지금 막 화가 나려고 해? 나한테 막 소리치고 싶어? 그럼 깊은 숨(Deep Breath)을 쉬어. 하나, 둘, 셋…… 하나, 둘, 셋…… 이렇게. 그래도 소리를 치고 싶으면 집 밖으로 나가서 운동장이나 공원에서 해. 집 안에서는 안 돼. 그런데 너무 늦은 밤에도 안 돼. 주변 사람들이 시끄럽다고 해. 그러니 이렇게 깊은 숨을 쉬어. 하나, 둘, 셋……."

아이가 너무나도 또박또박, 줄줄줄 말을 이어서 깜짝 놀랐다. 어디서 배웠냐고 하니 선생님이 가르쳐줬다고 했다. 아이는 킨더가튼에 입학하기 전 프리스쿨에 다니고 있었다. 프리스쿨에서는 얼굴 표정을 보고 상대방의 감정을 읽는 연습을 많이 시킨다. 벽에는 다양한 얼굴 표정과 그것이 뜻하는 감정을 적은 포스터도 붙어 있다.

마침 그날 있었던 부모 교육 세미나도 엄마의 분노 조절법이 주제였다. 아이가 말한 내용이 세미나에서 나온 내용과 비슷했다. 나는 이제야 감정 조절법을 배우는데, 딸아이는 서너 살부터 같은 내용을 배우고 있다니 부럽기도 했다.

나중에 자료를 찾아보니 미국에서는 아이들의 스트레스나 긴장, 분노 등을 조절하기 위해 다양한 방법을 실천하고 있었다. 심리학 박사 에이미 프셰보르스키(Amy Przeworski)는 심리학 잡지 〈사이콜로지 투데이(Psychology Today)〉를 통해 '아이들의 스트레스와 불안을 줄이는 방법'을 소개했다. 박사는 아이들에게 두려움을 직면하도록 용기를 북돋우고, 완벽하지 않아도 괜찮다고 안심을 시키며, 긍정적 생각을 할 수 있도록 도와주라는 설명과 더불어 아이와 함께 긴장 완화법을 연습해보라고 조언한다.

프셰보르스키 박사는 "숨을 깊게 쉬거나 바닷가에서 모래를 밟는다는 생각, 햇살을 받으며 해먹에 누워 있다는 상상 등은 스트레스를 받은 아이들에게 도움을 줄 수 있다. 평소 배워두면 불안이나 두려움이 엄습할 때 긴요하게 사용하는 테크닉이 될 것"이라고 밝혔다.

미국인 친구 라일리가 콜로라도 대학교의 모니카 피트제럴드(Monica Fitzgerald) 교수가 만든 자료(Relaxation Script for Younger Children)를 소개해 줬는데 아이들의 분노나 스트레스, 긴장을 풀어주는 다양한 방법이 적혀 있었다. 이후 피트제럴드 교수의 방법을 따라 딸아이와 가끔 "레몬을 짜보자. 코코아를 마시자"며 놀았다. 그런데 이 놀이가 오히려 나에게 도움이 되었다. 나 역시 스트레스를 받거나 긴장도가 높아지는 상황에 직면할 때마다 "나는 거북이다. 나는 스파게티가 됐다"는 마법의 주문을 외우며 감정을 삭일 수 있었다.

아이와 할 수 있는 분노 조절, 긴장 완화 놀이를 소개한다. 중요한 것은 평소 놀이처럼 연습해둬야 필요한 순간 마법의 주문처럼 사용할 수 있다는 점이다. 아이가 불안해할 때, 스트레스가 높을 때, 너무 흥분해서 감정을 가라앉혀야 할 때 "레몬 한 번 짜고, 풍선껌을 불어보자"는 말이 효과가 있기를 바란다.

• 레몬(손&팔)

오른손에 레몬을 들고 있다고 상상한다. 우리는 레몬주스를 만들려고 한다. 손에 힘을 세게 줘서 레몬즙을 짜낸다. 하나, 둘, 셋을 천천히 센다. 마지막 한 방울까지 짜낸 뒤 레몬을 손에서 탁 떨어뜨린다. 손과 팔에서 어떤 느낌이 나는지 느껴본다. 왼손으로 바꿔서 다시 한다. 손과 팔의 긴장을 풀어준다.

• 고양이(팔&어깨)

나른한 날, 게으른 고양이가 됐다고 상상한다. 팔을 앞으로 뻗은 뒤 어깨와 팔을 스트레칭하는 느낌으로 천천히 머리 위로 올린다. 이어 두 손이 하늘에 닿을 듯 기지개를 켠다. 천천히 원래 자세로 돌아오면서 어깨의 움직임을 느낀다. 손을 쭉 뻗은 상태가 되면 힘없이 툭 떨어뜨린다. 이 동작을 여러 번 반복한다.

• **거북**(어깨&목)

어느 햇살 좋은 날, 바위 위에 앉아 있는 거북이 됐다고 상상한다. 위험한 발소리가 들린다. 빨리 등껍질 속으로 숨어야 한다. 어깨를 위로 올리고 목을 움츠린 다음 잠시 멈춘다. 위험한 동물이 지나간다. 어깨에서 힘을 빼고 긴장을 푼다. 이 동작을 여러 번 반복한다.

• **풍선껌**(턱)

입안에 커다랗고 딱딱한 풍선껌이 있다고 상상한다. 껌이 너무 딱딱해서 씹을 수 없다. 힘을 줘서 꽉 씹었다가 풀었다를 반복한다. 턱 관절 움직임에 유익하다.

• **파리**(얼굴)

성가신 파리 한 마리가 코에 앉았다고 상상한다. 쫓고 싶은데 손을 움직일 수 없다. 코와 얼굴 주변 근육을 움직여 파리를 쫓아보자. 파리가 날아갔다가 다시 온다고 상상하며 반복한다.

• **코끼리**(배)

부드러운 잔디 위에 누워 있다고 상상한다. 그때 아기 코끼리 한 마리가 나타난다. 누워 있는 나를 보지 못하고 다가온다. 피할 시간이 없다. 나를 밟지 못하게 배에 힘을 꽉 주고 잠시 멈춘다. 코끼리가 옆으로 지나간다. 긴장을 푼다. 이 동작을 여러 번 반복한다.

• **스파게티**(전신)

뻣뻣한 스파게티가 됐다고 상상한다. 온몸에 힘을 줘서 뻣뻣하게 만든다. 물속에 들어가 잠시 멈춘다. 스파게티가 익으면서 몸이 부드러워진다. 온몸의 긴장을 푼다. 이 동작을 여러 번 반복한다.

• **코코아**(호흡)

따뜻한 컵을 두 손으로 잡았다고 상상한다. 컵 속에는 달콤한 코코아가 들어 있다. 먼저 코로 코코아 향을 깊이 들이마신다. 숨을 내쉬면서 뜨거운 코코아를 식히기 위해 입김을 분다. 향을 깊이 마시고, 입김으로 식히는 일을 천천히 반복한다.

2-10
미국 엄마들의 모습을 알 수 있는
해시태그 10가지

미국 친구들이 페이스북이나 인스타그램에 사진을 올리면, 그 아래 쓰여 있는 해시태그를 자주 읽는다. 모르던 영어 단어를 알게 되고, 미국 엄마들이 생각하는 '엄마', '자녀 양육' 등에 대해 생각해보는 계기가 되기도 한다.

많은 경우 영어 단어를 보면 미국 엄마들이 보인다. 미국 엄마들의 여러 모습이 담긴 해시태그를 모아봤다. 미국 엄마들을 이해하는 데 도움이 되길 바란다.

#Room Mom

아이가 학교생활을 시작하면 반에 룸맘이 생긴다. 한국의 반장 엄마와 비슷하지만 다르다. 미국 학교에는 반장이 없다. 초등학교 때는 한국식 반장을 룸 리더(Room Leader)라고 부르는데, 모두가 하루씩 돌아가면서 한다. 중학교부터는 아이들이 교실을 옮겨 다니며 각자의 흥미와 수준에 맞는 수업을 듣는다.

룸맘은 엄마들 사이에서 한 명을 뽑거나 본인이 지원한다. 담임선생님과 의사소통을 하면서 학부모에게 전달 사항이 있을 때 알려주는 역할이다. 학부모회(Parent-Teacher Association, PTA) 임원으로도 활동한다.

#Soccer Mom

아이가 학교생활을 시작하면 엄마에게 붙는 이름 중 하나다. 자녀가 지역 축구팀에 소속되어 연습할 경우 아이들을 방과 후나 주말마다 축구장에 데려다주는 열성 엄마를 이르는 말이다. 축구 경기는 다른 지역으로 원정을 가는 경우가 많기 때문에 이를 뒷바라지할 경제력이 있고, 자녀교육에 그만큼 헌신하는 중산층 이상의 엄마가 대부분이다. 요즘은 방과 후 체육이나 예술 활동에 많은 시간을 할애하는 엄마를 부르는 말로 통하기도 한다.

미국 아이들은 대부분 4~5세부터 축구와 야구를 시작한다. 수영은 생존과 관련한 부분이라 보통 2~3세에 배운다. 여자아이들도 동네 축구 리그에 속해 있으며, 소프트볼 선수로 뛰기도 한다. 골프나 테니스 역시 5세 정도부터 배운다.

#Strong Like Mom

생활용품을 판매하는 '타깃(Target)'이 2017년 티셔츠를 하나 선보였는데, 엄마들 사이에서 말 그대로 '대히트'를 쳤다. 남자아이를 위한 파란색 티셔츠에 'Strong Like Mom(엄마처럼 강해요)'이라고 써 넣은 것이다. 아빠가 아닌 '엄마처럼' 강하다는 표현에 엄마들이 강력한 지지를 보냈다.

아이들에게 이 티셔츠를 입혀 사진을 찍은 뒤, 인스타그램 등 소셜미디어에 올리는 게 유행으로 퍼졌다. 평범한 티셔츠 한 장인데 없어서 못 파는 지경에 이르렀다.

여성은 약하거나 의존적이라는 시각에서 벗어나 강하고 담대하다는 의미를 담은 점에서 2017년을 뜨겁게 달군 페미니즘 열풍과 맥을 같이한다.

#Stop Mom Shaming

엄마에게 수치심을 주는 행동을 멈추라는 뜻이다. 각자의 육아 방식과 고유한 육아철학을 존중하자는 뜻을 담고 있다. 육아에도 다양성이 존재한다는 것. 따라서 누가 누구를 비난하거나 비판할 수 없다는 얘기다.

한 엄마가 인스타그램에 #Stopmomshaming이라는 태그로 올린 사진을 보면 이 말의 뜻을 잘 알 수 있다. 사진에는 시험 문제 같은 질문이 적혀 있는데, 각각의 질문에 정답이 표시되어 있다. 예를 들면 'A. 모유 수유 B. 분유 수유 C. 잘 먹인다'의 정답은 C이다. 또 다른 질문은 'A. 천 기저귀 B. 일회용 기저귀 C. 잘 마른 깨끗한 기저귀'. 역시 정답은 C이다.

이처럼 미국에서는 육아에 정답이 없으며, 자신이 가진 답으로 타인을 평가하거나 비판하지 말자는 움직임이 거세게 일고 있다.

#Family Ritual

Ritual은 '의식', '절차'라는 뜻인데 흔히 아이들을 재울 때 동일한 과정을 반복하는 수면 의식을 베드타임 리츄얼(Bedtime Ritual)이라고 한다. 패밀리 리츄얼도 비슷한 의미다. 가족이 정해놓고 반드시 지키는 의식, 약속 등을 뜻하며 패밀리 트레디션(Family Tradition)과도 일맥상통한다.

금요일 저녁에는 온 가족이 보드게임을 한다든지, 매년 부활절마다 온 가족이 모여 계란에 그림을 그린다든지, 아이들 생일 때는 항상 엄마가 바나나케이크를 구워준다든지 가족마다 다양한 리츄얼을 정해놓고 지킨다. 이를 통해 가족은 결속력을 다지고, 아이들은 안정감과 소속감을 느낄 수 있다.

이 밖에 #Mom Goal, #Slow Motherhood, #Sharenting, #Brelfie라는 해시태그도 육아를 하는 엄마들이 자주 쓰는 말이다.

#Mom Goal은 엄마들이 이상적으로 생각하는 모습을 보여준다. 보통 출산 후 날씬해진 모습이나 아이와 함께 예쁘게 코디한 옷을 입은 모습에 달리는 해시태그다. 미국 엄마들에게도 출산 후 다이어트는 반드시 이뤄야 할 목표다.

#Slow Motherhood는 말 그대로 '천천히 하는 육아', '기다려주는 엄마'를 뜻한다. 육아를 하다 보면 조금 느긋하게 가야 하는 때가 있는데, 미국 엄마들은 이 해시태그로 그 순간들을 기억한다.

#Sharenting은 자녀들의 사진을 소셜미디어에 올리는 부모의 행동을 말하는데, Share(공유)와 Parenting(자녀 양육)의 합성어다. 자녀의 초상권이나 사생활 보호를 위해 가급적 삼가자는 의미로 많이 쓰인다.

#Brelfie는 Breastfeeding(모유 수유)과 Selfie(셀피)의 합성어로 모유 수유하는 사진을 찍은 모습에 달리는 해시태그다. 공공장소에서 모유 수유하는 모습을 사진으로 찍어 소셜미디어에 올리는 행동을 두고 종종 찬반 논쟁이 벌어지기도 한다.

개인적으로 소개하고 싶은 해시태그가 한 가지 더 있다. 바로 #American Mom.

이 책을 준비하면서 "아메리칸 맘은 누구인가?"라는 질문을 오랫동안 했다. 미국인 친구들을 만날 때마다 물어봤는데, 한 친구가 재미있는 대답을 했다.

"어디에 가서 누구한테 물어보냐에 따라 다를 거야. 나처럼 LA에 사는 사람은 다양한 인종의 다양한 엄마를 떠올리겠지. 내 고향인 인디애나에 가서 물어보면 당연히 백인 엄마들을 생각할 테고. 아메리칸 인디언이 많은 와이오밍에 가서 물어보면 자신들을 제외한 모두는 이민자라고, 순수한 아메리칸은 자신들이라고 할 거야. 이렇게 다양한 사람이 모여 사는 곳이 바로 미국이야."

'한국 엄마'라고 하면 딱 떠오르는 이미지가 있지만 '미국 엄마'라고 하면 사람마다 다르다. 이러한 다름을 다양함이라는 이름으로 받아들이는 곳이 바로 미국이다.

그렇다면 이들이 생각하는 '미국 엄마의 힘'은 무엇일까? 이 질문도 미국 친구들을 만날 때마다 했다. 한 친구는 미국의 다양성을 정보의 다양성에 빗대 이야기했다.

"요즘은 정보가 부족한 게 아니라 너무 많아서 문제지. 이렇게 정보가 차고 넘칠 때 사람들이 보이는 반응은 크게 두 가지야. 첫 번째는 '내가 좀 아는데, 넌 틀렸어' 하며 타인을 비난하는 것. 두 번째는 '이것도 맞고, 저것도 맞는 것 같은데 난 어떻게 해야 하지?' 하며 우왕좌왕하는 것."

어쩐지 두 가지 모두 내 모습 같았다. 고개를 끄덕이자 친구가 되물었다.

"그런데 미국 사람들은 어떻게 하는지 알아?"

이어진 대답은 미국 엄마의 힘을 이해하기에 충분했다.

"많은 정보를 접한 뒤 여기에서 좋은 것, 저기에서 좋은 것만 모아서 자기 것으로 만들어. 그게 바로 미국이야. 다른 말로 하면 그게 바로 미국의 힘, 미국 엄마의 힘이지 않을까?"

3부

미국식 자녀교육 문화가
가르치는 것 11가지

The Power of
American Mother

바운더리와 임파워:
독립적이고 책임감 있는 아이를 위해

미국 육아 서적이나 교육 자료에 자주 나오는데, 한국어로 정확히 번역하기 어려운 단어들이 있다. Boundary와 Empower가 대표적인 예다. 미국에서는 아이가 독립적이고 책임감 있게 성장하려면 아이의 Boundary를 지켜주고, 아이를 Empower 하는 부모와 주변의 노력이 필요하다는 말을 자주 듣는다.

그렇다면 미국 육아 서적의 키워드인 Boundary와 Empower는 과연 무엇일까. 한국어로 직역하면 Boundary는 '경계선', Empower는 '권한을 준다'는 뜻이다. 하지만 정확한 의미를 위해서는 '바운더리'와 '임파워'라고 부르는 것이 낫다. 한식에 없는 햄버거나 샌드위치를 영어 그대로 말하는 것과 같은 이치다.

자녀교육에서 바운더리는 크게 두 가지 의미를 담고 있다. 첫째는 아이에게 행동의 한계선(Set the Limit)을 정해주는 것이다. 아이에게 할 수 있는 행동과 해서는 안 되는 행동을 정해주고 이 기준(Boundary)을 일관성 있게 지키도록 한다. 그러면 아이들은 이 바운더리 안에서 안정감을 느낀다.

둘째는 아이와 부모 사이에도 보이지 않는 경계선이 존재한다는 의미이다. 나는 이걸 좀 더 강조하고 싶은데, 영어 정의를 그대로 번역하면 '내가 끝나고 네가 시작되는 시점'을 뜻한다. 엄마와 아이가 분명히 다른 인격체라는 것을 강조하는 개념이다. 또한 엄마와 자녀 외에 한 개인과 다른 개인 사이에도 바운더리가 존재하기 때문에 타인의 삶에 깊이 개입하지 않는다는 뜻도 담고 있다.

이는 미국 사람들이 중요하게 생각하는 프라이버시와도 연결된다. 한 미국 친구는 "미국 사람들은 자기가 '버블(Bubble)' 안에 있다고 생각해"라는 표현을 썼는데, 바운더리를 잘 이해할 수 있는 말인 듯싶다. 사람마다 자신을 둘러싼 눈에 보이지 않는 비눗방울이 있기 때문에 이를 함부로 침범할 수 없다는 얘기다.

상대방의 비눗방울이 터지지 않도록 어느 정도 거리를 두고 앉는 것, 타인의 몸에 함부로 손을 대지 않는 것 등은 모두 바운더리를 존중하는 행동이다. 미국 엄마들은 상대가 'No'라고 말하면 'No'로 받아들이고 강요하지 않도록 가르친다. 엄밀히 말하면 단순히 가르치는 게 아니라 부모도 아이를 그렇게 대한다.

바운더리 관련 서적을 집필한 헨리 클라우드(Henry Cloud)와 존 타운젠드(John Townsend) 박사는 갓난아이들은 스스로는 아무것도 할 수 없는 상태로 태어나지만 점점 힘이 생기면서 이를 부모를 조종하는 데 쓰려는 경향이 있다고 설명한다. 떼를 쓰고, 소리를 지르며 부모와 힘겨루기를 시작하는 시점이다. 그런데 두 저자는 아이들이 이 힘을 부모나 다른 사람을 자기 뜻대로 움직이게 하는 데 쓰지 않고 자신의 삶을 개척하고 책임지는 데 사용할 수 있도록 도와주는 것이 부모의 역할이라고 강조한다.

결국 바운더리가 확실한 아이는 자신의 삶에 주인 의식을 가지고 스스로 생각하고 행동하며, 성장하는 삶을 살아갈 수 있다는 얘기다. 더불어 자신의 행동과 감정에 책임을 지고, 자기 조절 능력도 뛰어난 성인으로 성장한다.

바운더리 세우기는 '내가 끝나고 아이가 시작하는 시점이 어딘가에 존재한다는 것'을 인식하는 것부터 시작된다. 엄마의 감정이나 생각을 아이에게 전가하거나 강요하지 않고, 아이를 하나의 인격체로 존중하는 노력이 필요하다. 이를 위해서는 엄마 스스로 자신의 바운더리를 세울 수 있어야 한다.

바운더리 세우기와 더불어 요즘 미국 엄마들은 물론 교육 현장에서 강조하는 또 한 가지 개념은 임파워다. 이는 1980년대 미국에서 여성들이 지위 향상을 주장하며 사용하기 시작했다. 여성들이 자신의 삶에 대한 힘과 주도권을 스스로 가지고 있어야 한다는 것인데, 지금은 그 개념이 확장되어 한 개인이 자신의 삶을 주도적으로 살아갈 수 있는 힘을 갖는다는 뜻으로 통용된다. 한국어로는 명사형인 임파워먼트(Empowerment)를 종종 '주인 정신'으로 번역하는데, 자신이 삶의 주인이라는 생각으로 주도권을 갖고 책임감 있게 살아가는 힘을 가진다는 의미로 해석할 수 있다.

요즘 미국 초등학교에서는 '다양성'이란 뜻의 Diversity와 함께 '임파워'를 중요하게 다룬다. 학교 소개에도 "우리 학교는 아이들을 임파워한다"는 말이 자주 나온다. 그만큼 독립적이고 책임감 있는 인재상을 중시한다는 뜻이다.

'47 Empowering Phrases Your Child Should Be Hearing From You Daily'가 미국 엄마들 사이에서 유행한 적도 있다. 한국어로 번역하면 '당신의 아이가 책임감을 키우기 위해 날마다 들어야 하는 47가지 문장'이란 뜻이다. 연예·건강·생활·교육 등 여성들의 관심 분야를 다루는 문화 종합 매체 〈팝슈가(Popsugar)〉에 실린 것을 한국어로 번역했을 때 의미 전달이 쉬운 35가지로 정리해보았다.

1. 네 꿈은 중요해.

2. 꿈을 크게 가지렴.

3. 네 의견은 중요해.

4. 네 말은 다 의미가 있어.

5. 네가 믿는 어떤 신념이 있다면 그건 중요한 것이란다.

6. 나는 네가 자랑스러워.

7. 너는 나에게 중요한 사람이야.

8. 나는 네가 소중해.

9. 나는 너를 믿는단다.

10. 너는 지금 충분해.

11. 무서워해도 괜찮아.

12. 실수해도 괜찮아. 다시 바로 잡으면 돼.

13. 내일 다시 해보자.

14. 완벽한 사람은 아무도 없어.

15. 너는 세상을 바꿀 수 있어.

16. 네 노력과 상관없이 달라지지 않는 것들이 있어.

17. 하지만 네 태도에 따라 상황은 달라질 수 있단다.

18. 네가 마음먹은 것은 무엇이든 할 수 있어.

19. 너는 뭐든지 변화를 시도할 수 있어.

20. 포기하지 마.

21. 할 수 있어.

22. 정말 좋은 생각이구나.

23. 네 방법대로 한 번 해보자.

24. 친절한 것은 약하다는 뜻이 아니야.

25. 더 좋은 사람이 되기 위해 완벽해져야 하는 건 아니야.

26. 다른 사람과 비교하지 마.

27. 너는 네가 생각하는 것보다 강하단다.

28. 그 일을 하기에 네가 너무 어리진 않아.

29. 너에게는 선택의 기회가 있어.

30. '아니요'라고 말해도 돼. '예'라고 말해도 돼.

31. 모든 사람이 한다고 해서 네가 꼭 해야 하는 건 아니야.

32. 네가 네 친구처럼 해야 하는 것은 아니야.

33. 이건 네가 결정하렴.

34. 네가 하고 싶은 대로 해도 돼.

35. 누구에게도 네 포부를 꺾어버리도록 허락하지 마.

35개 문장을 읽으면 어디선가 많이 듣던 말이라는 생각이 들 것이다. 미국이 자랑하는 디즈니 만화 영화에서 주인공들이 많이 하는 얘기다. 특히 〈겨울 왕국〉의 엘사와 안나, 스페인 공주 엘레나, 자신의 섬을 지켜내는 모아나는 왕자를 기다리는 의존적 공주가 아니라 본인의 삶을 스스로 개척해

나가는 강한 캐릭터다.

영어 번역 문장이라 한국어로는 어색한 면도 있지만 그 아래 깔린 의미를 이해하고 '엄마표 한국어 문장'으로 바꿔서 자주 말해보자. 아이는 스스로 자기 삶에 자신감을 갖고 당당하게 살아가는 힘을 키울 수 있을 것이다.

3-2
아들을 페미니스트로 키우는 방법

2017년 이후 미국 육아에도 '페미니즘' 바람이 강하게 불고 있다.

미국의 권위 있는 사전 '메리엄-웹스터'는 2017년 12월, '올해의 단어'로 페미니즘을 선정했다. 연초 워싱턴에서는 '여성들의 행진'이라는 행사가 열렸고, 이후 페미니즘에 대한 관심이 크게 높아진 터였다. 특히 도널드 트럼프 대통령의 여성 비하 발언에 반발하며 여성들이 목소리를 높였다.

영화 〈원더 우먼〉 역시 뜨거워지는 페미니즘 현상에 불을 지피는 역할을 했다. 미국에선 몇 년 전부터 TV 드라마 시리즈나 만화 영화 등에서 여성 슈퍼 히어로가 등장하기 시작했는데, 원더 우먼 역시 이러한 분위기에 힘을 보탰다.

2016년 핼러윈을 앞두고 전미소매협회(NRF)가 발표한 자료에 따르면,

여자아이들이 가장 선호하는 캐릭터는 슈퍼 히어로인 것으로 나타났다. 신데렐라나 백설 공주 등 전통적인 캐릭터를 제치고 배트걸, 슈퍼걸 등의 슈퍼 히어로가 1위에 오른 것은 협회가 관련 조사를 실시한 11년 만에 처음이었다. 이제 여자아이들도 지구를 구할 수 있다고 생각하는 시대가 열렸다.

이러한 페미니즘 분위기는 자녀교육, 육아에도 영향을 미쳤다. 남자에게 의존하지 않는 강한 여성으로 자란 이 시대 엄마들이 자녀를 어떻게 키워야 하는지 관심을 갖기 시작한 것이다. 특히 엄마들은 '아들 교육법'에 주목했다. 여자아이에겐 남자아이와 동등하다는 메시지를 주면서 교육하는데, 그렇다면 아들은 어떻게 교육해야 하는가?

〈뉴욕 타임스〉가 이에 관한 깔끔한 해답을 내놨다. 2017년 6월 뇌과학자, 경제학자, 심리학자 등 전문가들 조언을 모아 '아들을 페미니스트로 양육하는 법(How to Raise a Feminist Son)'을 소개한 것이다. 통찰력 있는 이 기사는 아들을 양육하면서 엄마들이 하는 말과 행동을 되돌아보게 만들었다. 딸 있는 엄마들도 마찬가지다.

이후 육아 전문가들도 가세했다. 곳곳에서 '페미니스트 아들을 키우는 법' 리스트를 만들어 발표했다. 육아 정보 웹사이트 www.scarymommy. com 역시 '페미니스트 아들을 키우기 위한 25가지 규칙(25 Rules For Raising Feminist Boys)'을 내놨다.

페미니스트란 남성과 여성의 평등을 주장하는 사람을 말한다. 위의 〈뉴욕 타임스〉 기사에 따르면 딸한테는 남자처럼 강하고 무엇이든 할 수 있다고 가르치는 반면 아들에게 있는 여성스러운 부드러움은 받아들이지 않는 경향이 있다. 협동이나 공감, 성실 등은 딸에게 어울리는 말이라고 생각해서 아들은 종종 이런 능력을 키울 기회를 놓쳐버리기 쉽다는 것이다.

'페미니스트 아들'이라는 제목만 보고 처음엔 여성을 보호하고, 존중하고, 대변하는 걸 강조했을 거라고 생각했는데 보기 좋게 틀렸다. 페미니스트를 제대로 이해하지 못한 까닭이다.

〈뉴욕 타임스〉와 www.scarymommy.com 등에서 소개한, '아들을 페미니스트로 키우는 방법'을 정리해봤다. 아들, 딸 상관없이 다음 세대를 살아갈 우리 아이를 더 좋은 사람으로 키우고 싶다면 누구나 기억해야 할 내용이다.

• 울 수 있게 하라

아기 때는 남자아이든 여자아이든 똑같이 운다. 하지만 5세 정도부터 남자아이들은 자신의 약함을 드러내지 말아야 한다고 배운다. 남자아이들도 울수 있다. 무섭고 아프다고 말할 수 있다. 도움이 필요하다고 말할 수 있음을 알려주라. 세상에 완벽한 사람은 없다. 완벽하지 않아도 된다.

• 롤 모델을 만들어줘라

일반적으로 좋은 롤 모델이 있는 남자아이는 그렇지 않은 아이보다 올바르게 행동하고, 학업 성취도도 높은 것으로 알려져 있다. 롤 모델이 항상 남자여야 하는 것은 아니다. 유명한 스포츠 우먼, 여성 정치인도 아들의 롤 모델이 될 수 있다.

• 좋아하는 것을 즐기도록 내버려둬라

분홍색 인형의 집은 여자아이, 파란색 트럭은 남자아이 장난감이라고 누가

정했는가? 〈뉴욕 타임스〉에 따르면 20세기 중반에는 분홍색이 남자아이, 파란색이 여자아이를 위한 색상이었다. 무엇이든 원하는 것을 하고 놀 수 있도록 해줘라. 남자아이들도 인형놀이를 좋아한다. 여자아이들에겐 축구도 하고 의사가 되라고 하지만, 남자아이에게 발레를 하고 간호사가 되라는 부모는 많지 않다. 여성스러운 것은 나쁜 것이 아니다.

그리고 여자아이와 친구가 될 수 있는 기회를 만들어줘라. 성별이 다른 친구와 대화하며 문제 해결 방법을 배우면 포용력 넓고 협동심 많은 아이로 성장할 것이다.

• 남자답게 놀게 하라

그래도 남자는 남자다. 몸과 힘을 쓰며 노는 것을 어느 정도는 인정해줘라. 신나면서도 위험하지 않게 노는 법을 알려주고, 자기감정을 제대로 표현하라고 가르쳐라. 견딜 수 없는 것을 이겨내는 강인함, 자신이 좋아하는 일을 끝까지 해내는 열정이 성공을 이끈다.

• 요리와 청소, 집안일을 가르쳐라

미국에도 아직은 전통적인 성 역할이 많이 남아 있다. 하지만 요즘 엄마들 사이에선 이를 바꿔보자는 분위기가 강하다. 요리나 청소는 성별과 아무런 관련이 없다. 배우고 익히면 누구나 할 수 있다. 맛있는 음식을 먹고, 깨끗한 환경에서 사는 것은 자신을 위한 일이다. 이를 가르치지 않아 다른 사람한테 의존하게 만든다면, 엄마는 아들을 무능력한 사람으로 키우는 것이다.

성 평등은 집에서부터 이뤄져야 한다. 엄마도 밖에서 일하고, 아빠도 집안일을 할 수 있다는 것을 직접 보여줘라.

• 다른 사람을 돌보는 법을 가르쳐라

아들이 강하지만 부드러운 사람이 되길 원하는 엄마들은 돌봄을 가르친다. 아픈 친구를 위해 요리하는 일을 도와주거나 반려동물이나 동생을 돌보게 한다. 남자아이도 베이비시팅, 과외 교사 등을 하면서 배려하는 마음과 공감 능력을 향상시킬 수 있다.

• 'No'는 'No'라고 가르쳐라

다른 사람을 존중하며 동의를 구하는 다양한 방법을 가르쳐야 한다. 적어도 유치원에 들어갈 나이부터는 다른 사람의 신체에 접촉할 때는 상대방의 의사를 꼭 물어야 한다고 알려준다. 간지럼을 태우거나 레슬링을 하며 재미있게 놀다가도 상대가 'No'라고 말하면 즉시 행동을 멈춰야 한다.

• '여자처럼' 또는 '남자처럼'이란 말을 주의한다

남자아이를 야단치며 종종 '여자처럼'이라는 표현을 쓸 때가 있다. 아이들도 이를 배워서 남을 무시하거나 놀릴 때 '여자처럼'이라는 말을 쓴다. 절대 이렇게 말하고 행동하지 않도록 키워야 한다.

　마찬가지로 '남자답게', '남자처럼'이라는 표현도 자제한다. 여자에게 예의 바른 것은 남자라서가 아니라 누구나 상대방을 그렇게 대해야 하기 때문이다. '남자는', '여자는'이라는 말은 성 역할을 제한한다.

• **책을 많이 읽게 해라**

독서는 세상에 의문을 품고, 이해할 수 있게 해준다. 일반적으로 남자아이들이 좋아하는 분야는 과학이나 수학이다. 이를 포함해 여자아이들이 좋아하는 소설이나 언어 분야의 도서까지 다양하게 접할 기회를 만들어준다.

• **목소리를 내라고 가르쳐라**

불의를 보면 참지 말고, 자신이 믿고 지지하는 일을 위해 목소리를 내는 법을 가르친다. 목소리를 내려면 일단 바른 가치관을 길러야 한다. 누군가를 괴롭히고 놀리는 것은 정당하지 않은 행동이라고 가르쳐라.

3-3
부모의 권위와
미국 엄마들의 훈육 툴박스

미국에는 홈디포(Home Depot)라는 대형 매장이 있다. 집을 만들고 고치고 꾸미는 데 필요한 모든 것을 구비한 곳이다. 이 홈디포에 가면 공구 코너가 있는데, 세상에 그렇게 많은 연장이 있는지 미처 몰랐다. 웬만한 것을 만들고 고치려면 망치, 일자 또는 십자 스크루드라이버 한두 개만 있으면 되는 줄 알았는데, 홈디포에는 일자 스크루드라이버만 해도 크기별로, 브랜드별로 수십 가지가 하나의 커다란 툴박스(Toolbox: 공구 박스)에 들어 있다.

미국 엄마들의 아이 다루는 방법, 특히 훈육하는 방법을 보면 많은 순간 이 툴박스가 떠오른다. 스티커상 주기, 무시하기, 생각하는 의자, 타임아웃 정도를 훈육법으로 쓰는 나와 달리 미국 엄마들은 장소나 상황, 연령에 맞게 여러 가지 훈육법을 지혜롭게 구사한다.

한국에서는 TV 프로그램을 통해 생각하는 의자나 타임아웃 등의 훈육 법이 많이 알려졌고, 그중 타임아웃을 가장 많이 사용하는 것 같다. 내가 상 담소에서 일할 때, 5세 미만의 자녀와 엄마가 함께 음악놀이를 하는 '마미 앤드 미(Mommy and Me)'를 진행한 적이 있는데, 새 학기 때마다 난감한 상황 이 벌어지곤 했다.

수업에 처음 참가하는 아이들은 너무나도 신난 나머지 강당을 뛰어다니 고 소리를 지르는 등 종종 통제 불능 상태가 된다. 미국 엄마들이라면 딱 잡 아놓고 눈을 맞추며 경고를 주고, 그래도 듣지 않으면 그날 수업을 포기한 채 집으로 돌아갈 상황이다. 그런데 한국 엄마들은 "뛰지 마!", "하지 마!"라는 말 만 한다. 그래도 안 되면 구석으로 데려가 타임아웃을 한다. 그게 효력이 없어 아이가 계속 말을 듣지 않는데도 계속 구석으로 데려가 타임아웃만 한다.

한 한국 엄마는 아이가 강당에 있는 문을 열려 하자 나에게 "선생님, 이 거 열면 안 된다고 말씀 좀 해주세요" 하고 부탁했다. 미국 엄마들은 그런 부 탁을 하지 않는다. 아이를 통제할 수 있는 엄마의 권위를 타인에게 넘기는 행동이기 때문이다.

많은 경우 우리는 "호랑이가 잡아간다" 또는 "경찰 아저씨가 이놈 한다" 는 등의 말로 아이에게 겁을 줘서 행동을 통제하는 방법을 쓴다. 부모의 권위를 호랑이나 경찰 아저씨한테 넘겨버리는 것이다.

그렇다면 미국 엄마들은 어떻게 부모의 권위를 지킬까? 미국 엄마들의 훈육 박스에는 어떤 기술이 들어 있을까?

미국 질병예방통제센터(Center for Disease Control and Prevention, CDC)는 홈페이지(www.dcd.gov)를 통해 다양한 자녀교육 자료를 연령별·종류별로 소개하며, 훈육 방법을 크게 '아이의 행동'이라는 '결과(Consequences)'에 따라 네 가지로 분류한다.

아이가 어떤 행동을 했을 때 긍정적(Positive) 결과나 부정적(Negative) 결과가 나오는 경우, 또는 자연적(Natural) 결과나 논리적(Logical) 결과를 얻는 경우로 나누는 것이다.

좀 더 자세히 살펴보면 긍정적 결과는 이를테면 아이가 또다시 그 행동을 할 수 있도록 격려하는 방법이다. 스티커나 도장 등을 상(Reward)으로 주거나 칭찬(Praise)을 하거나 주의 집중(Attention)을 시키는 것 등을 말한다.

부정적 결과는 아이가 그 행동을 하지 않도록 저지하는 방법이다. 무시(Ignoring), 환기 전환(Distraction), 특권 박탈(Loss of a Privilege), 타임아웃 등이 있다.

자연적 결과는 아이가 그 행동의 결과를 그대로 겪게끔 내버려두는 방법이다. 시험공부를 안 하면 낮은 점수를 받는 것, 청소를 안 하면 방이 더러워지는 것, 용돈을 함부로 쓰면 원하는 것을 살 때 돈이 부족해지는 것 등이 여기에 속한다. 이는 미국 엄마들이 가장 많이 쓰는 훈육법이므로 다른 장에서 좀 더 자세히 다룰 예정이다.

논리적 결과는 그 행동과 관련한 어떤 결과를 직접 경험하도록 부모가 개입하는 방법이다. 우유를 의도적으로 쏟으면 자신이 닦도록 하는 것, 입었던 옷을 빨래통에 넣지 않으면 세탁해주지 않는 것, 놀이터나 친구 집에서 규칙을 지키지 않으면 그 장소를 떠나는 것, 귀가 시간을 지키지 않으면 외출 금지(Grounding)를 하는 것 등이다. 그중 외출 금지는 미국 엄마들이 10대 자녀에게 많이 사용하는 훈육법이다. 가족 구성원으로서 지켜야 할 규칙, 특히 귀가 시간 관련 규칙을 어겼을 경우 일정 기간 동안 여가 활동이나 친구와의 놀이 등을 금지하는 벌이다.

논리적 결과를 이용한 훈육법은 부모가 개입한다는 면에서 특권 박탈과 비슷하다. 장난감을 두고 친구와 싸우면 둘 다 가지고 놀지 못하도록 빼앗는 것, 주어진 양의 밥을 먹지 않으면 디저트를 주지 않는 것, 숙제를 하지 않으면 TV를 보지 못하는 것 등이 여기에 해당한다.

미국 부모는 18세 성인이 될 때까지 아이를 안전하게 지키고, 의식주를 제공하고, 교육받을 수 있는 권리를 보장해줘야 한다고 여긴다. 그 밖에 부모가 해주는 것은 모두 아이가 누리는 특권인 셈이다.

예를 들면 식사 후 디저트, TV 시청, 휴대전화 구입, 여가 활동 등은 모두 부모가 추가로 해주는 것이다. 즉 아이에게 해주지 않아도 된다는 얘기다. 따라서 아이의 행동에 따라 박탈해도 무관하다. 미국 엄마들은 부모가 아이에게 줄 수 있는 특권을 손에서 쉽게 놓지 않는다. 끝까지 쥐고 아이와 '밀당'을 한다.

한국 엄마인 내게는 긍정적 결과나 논리적 결과는 다소 조건적인 훈육법이란 생각이 든다. 그러나 미국인 친구는 "원래 인생이 조건적이야. 잘하면 상을 받고, 못하면 벌을 받지. 일을 하면 돈을 벌고 절약하면 돈을 모으지만 헤프게 쓰면 돈이 없어져. 어릴 때부터 이걸 가르쳐야 해"라고 말했다. 따지고 보면 모두 맞는 말이지만 어린 아이들에게 이런 냉정한 현실을 가르쳐야 하는지 한국 엄마인 나는 여전히 의문이다.

하지만 미국 엄마들은 그렇게 한다. 규칙과 지시를 잘 따르면 상이 있고, 이를 어기면 벌이 있으며, 원하는 것을 얻으려면 하기 싫은 일도 해야 한다는 것을 다양한 훈육법을 사용해 가르친다. 가정은 물론 학교와 사회 모두 이러한 원리로 움직이기 때문이다. 한국 엄마들이 "집에서라도 편해라", "발 뻗을 곳이 있어야 한다"며 아이를 오냐오냐 키우는 것과는 다르다.

3-4
자연적 결과:
미국 엄마들의 특별한 훈육법

툴박스에 있는 다양한 연장처럼 미국 엄마들은 여러 가지 훈육법을 자유자재로 사용하면서도 권위를 잃지 않는다. 이런 미국 엄마들이 가장 쉽게, 흔히 사용하는 훈육법이 바로 '자연적 결과', 즉 내추럴 컨시퀀스(Natural Consequences)이다. 이는 내가 미국에서 아이를 키우는 동안 가장 많이 들었던 말 중 하나다. 훈육 때문에 이런저런 고민을 토로할 때마다 미국 친구들은 "걱정하지 마. 내추럴 컨시퀀스에 맡겨. 아이 스스로 깨달을 거야"라고 답하곤 했다.

'자연적 결과'로 번역되는 내추럴 컨시퀀스는 미국 친구들이 가장 자주 쓰는 훈육법이지만 처음엔 쉽게 감이 오지 않았다. 많은 것을 부모가 정해주고 개입하는 한국식 자녀 양육법과는 확연히 다른 개념이기 때문이다.

예를 들어 아이가 추운 날씨인데도 얇은 옷을 입고 나가겠다며 고집을 피운다고 치자. 미국 엄마들은 이때 아이에게 그 일로 어떤 결과가 생길 수 있는지 말해준다. 그래도 얇은 옷을 고집하면 그렇게 하게끔 허락한다. 추위를 느낀 아이는 옷을 좀 더 두껍게 입으라던 엄마의 제안을 떠올리고 다음에는 따뜻한 차림으로 외출할 것이다. 만약 그럼에도 또 얇은 옷을 입고 나간다면, 이때 역시 아이의 선택을 받아들인다.

미국 엄마들은 이 과정을 통해 부모의 말에 대한 신뢰가 쌓이고, 아이는 자신의 판단에 대한 책임감도 배우게 된다고 생각한다. 자연적 결과에 맡기면 엄마와 재킷을 입네 마네 시간을 끌 이유도, 소리를 지를 이유도, 힘겨루기(Power Struggle)를 할 이유도 없어진다.

대신 중요한 것은 "추웠다"고 말하는 아이한테 "그것 봐. 엄마가 뭐라고 말했니?", "엄마 말을 안 들어서 그래" 하는 식으로 비난하거나 죄책감을 자극하지 않도록 한다. 아이는 그 사실을 이미 알고 있기 때문이다.

장난감을 정리하지 않으면 나중에 원하는 장난감을 찾기 어렵다, 저녁 시간에 밥을 먹지 않으면 밤늦게 배가 고프다, 친절하게 행동하지 않으면 점점 같이 놀자고 하는 친구가 없어진다. 이 모든 게 미국 엄마들이 말하는 자연적 결과다.

한국 엄마인 나에겐 미국 엄마들의 행동이나 결정이 냉정해 보일 때가 많다. 그런데 미국 엄마들은 지금 당장이 아니라 앞으로 멀리를 내다보는 것 같다. 없어진 장난감을 통해 아이는 책임감을 익히고, 배고픈 경험을 통해 밥을 먹어야 하는 이유를 깨닫고, 같이 놀아주는 친구가 없는 순간을 통해 친절을 배운다.

그래도 한국 엄마 입장에서는 자연적 결과에 의문이 많다. 재킷을 안 입고 나갔다가 정말로 감기에 걸리면 어떻게 하지? 재킷을 안 입고 갔는데 춥지 않았다고 하면 어떻게 하지? 그 장난감은 원래 필요 없었던 거라고 하면, 배 안 고프다고 하면, 자긴 친구 없어도 된다고 하면, 난 뭐라고 하지? 미국 친구들과 이야기하다 보면 질문이 많아진다. 여전히 내가 어떤 답을 줘야 하고, 내가 해결해줘야 한다고 생각하기 때문이다.

쏟아지는 질문에 내 친구 제니퍼는 이렇게 말했다. "그게 바로 자연적 결과의 힘이야. 어떤 결과가 나오든 지켜봐. 아이한테 맡겨. 아이가 괜찮다고 하면 괜찮은 거야. 아이가 괜찮다고 하면 '정말 괜찮냐'고 물어보는 대신 '그렇구나' 하고 믿어줘. 아이는 자신을 믿어주는 부모의 모습을 보고 자신감을 얻어. '내 선택이 옳았구나', 또는 '틀렸구나'를 깨닫고 선택에 대한 책임감을 느끼지. 감기 걸려도, 배 좀 고파도, 잠깐 동안 친구 없어도 괜찮아. 다음엔 어떻게 행동해야 할지 생각하게 되거든. 위험하거나 공공질서를 방해하는 행동이 아니라면 자연적 결과에 맡겨. 부모는 자신의 불안만 다스리면 돼."

한국 엄마인 내 육아법은 자연적 결과가 상대적으로 약하다. 아이의 선택을 존중하지 못하기 때문에, 다른 말로 하면 아이를 믿지 못하기 때문에 자연적 결과에 아이를 맡길 수 없는 것이다. 사실 부모가 많은 것을 해주고 책임지는 한국 육아에는 자연적 결과의 개념이 약하고, 한국에서 자란 나 자신도 이를 경험할 기회가 적었다. 그래서 아이를 자연적 결과에 맡기면, 그 냥 아이의 선택대로 내버려두면 어떤 일이 벌어질지 예측 자체가 어렵다. 그 런 불안 때문에 아이의 결정을 믿지 못하고 먼저 개입해 일을 처리해주곤 하 는 것이다.

이처럼 자연적 결과는 한국식 자녀 양육 개념으론 이해하기 어려운 부 분이 많다. 하지만 미국 엄마들이 타임아웃보다 훨씬 더 흔하게, 쉽게 쓰는 훈율 '툴(Tool)'이니 사용법을 배워보는 것도 나쁘지 않을 듯하다.

아이들에겐 스스로 해낼 수 있는 힘이 있다. 부모가 중요하게 생각하는 가치관을 바탕으로 삶의 기본적 규칙과 틀을 만들고, 이를 일관성 있게 지켜 나가자. 아이가 스스로 해낼 수 있도록 도와준다면, 이에 따르는 자연적 결 과도 묵묵히 지켜볼 수 있다면, 아이는 독립적이고 책임감 있는 시민으로 성 장할 것이다. 이것이 바로 미국 엄마들이 아이를 훈육하는 이유다.

3-5

패밀리 룰:
공평한 사회는 집에서부터

미국에서 생활하다 보면 많은 곳에서 'Rule'이란 단어를 만난다.

'규칙'이란 뜻의 Rule은 미국 사회 어디에든 있다. 학교에는 학교 규칙

(School Rule)이 있고, 학급마다 교실 규칙(Classroom Rule)이 있다. 동네 놀이터 입구에는 놀이터 이용 규칙(Playground Rule), 도서관 입구에는 도서관 이용 규칙(Library Rule)이 붙어 있다.

내가 자주 가는 도서관 라운지에는 비디오게임 코너가 있는데, 그곳엔 비디오게임 룰(Video Game Rule)이 붙어 있다. 여기엔 '순서 지키기', '게임 종류를 바꾸려면 문의하기' 등 4가지 규칙이 있다.

LA 카운티 정신건강국(LA County Mental Health Department) 회의에 정기적으로 참석한 적이 있는데 그곳엔 그라운드 룰(Ground Rule)이 있었다. '다른 사람의 말을 경청한다', '1분 이상 말하지 않는다' 등 회의 시간에 지켜야 할 7가지 규칙이었다.

이렇게 사회 곳곳에 모두가 지켜야 할 규칙이 있다 보니 가정에도 가족 규칙, 곧 패밀리 룰을 정해놓는다. 아이가 아주 어릴 때부터 패밀리 룰을 지키도록 교육하고, 이를 어기거나 지키면 그에 따른 결과가 동반된다는 걸 가르친다.

그 결과로 인해 아이들은 원하는 것을 얻지 못하고, 얻었던 것을 잃기도 한다. 미국 엄마들이 생각하는 훈육은 바로 이런 것이다. 그 때문에 미국 엄마들의 훈육은 패밀리 룰과 밀접한 관련이 있다.

일단 패밀리 룰을 정해놓으면 훈육에 대한 일관성을 유지하기 쉽다. 정해진 규칙이 있기 때문에 아이도 부모도 이를 그대로 따르면 된다. 규칙을 지키면 칭찬을, 어기면 경고를 받는다. 경고가 누적되면 그다음 단계의 벌로 이어진다. 축구 경기에서 옐로카드 두 장이면 레드카드를 받고 퇴장당하는 것과 같다.

규칙을 만들어놓으면 같은 행동을 했는데 어떤 때는 혼나고 어떤 때는 그냥 넘어가는 등 결과가 달라지는 경우를 최소화할 수 있다.

패밀리 룰은 특히 어린 아이들에게 유익하다. 정해진 규칙만 지키면 된다는 확신이 있기 때문에 안정감을 느낀다. 아이 스스로 규칙을 지키며 자기 조절 능력도 키울 수 있다. 그리고 무엇보다 패밀리 룰을 통해 규칙을 지키는 일이 얼마나 중요한지 배우면 학교나 사회에 적응하기도 수월하다.

그렇다면 패밀리 룰은 어떻게 정할까. 미국 질병예방통제센터가 부모 교육을 위해 공개한 자료에 따르면 보통 4가지 단계가 필요하다. 1단계는 가족이 중요하게 생각하는 가치나 정신을 토대로 패밀리 룰이나 루틴(Routine)을 만든다. 2단계는 만든 룰을 가족이 충분히 이해하도록 설명하고, 3단계에서는 이를 직접 시행한다. 4단계는 룰을 지키지 않았을 경우 어떻게 되는지 알려준다.

패밀리 룰은 현실적으로 적용 가능해야 하며, 온 가족이 함께 지킬 수 있어야 한다. 처음 시작할 때는 한두 가지를 먼저 정한 뒤 추가로 내용을 늘려가는 것이 효과적이다. 아이들이 어린 경우에는 짧은 문장으로 간단명료하게 설명할 수 있는 내용이 좋다. 처음 룰을 만들어 시행할 때는 아이들의 저항에 부딪힐 수 있으므로 그 기준을 계속 상기시키고, 아이가 이를 지키도록 도와주는 노력이 중요하다.

패밀리 룰은 말 그대로 '가족이 지키는 규칙'이기 때문에 집집마다 구체적인 내용이 다르다. 미국 친구들을 보면 어떤 집은 실내에서 뛰지 않기, 작은 목소리로 말하기, 지시 사항 따르기, 가구 위에 올라가지 않기, 자기 물건 자기가 치우기 등을 패밀리 룰로 정해놓았다. 그리고 이를 어기면 일단 세 번까지 경고를 주고 그래도 지키지 않으면 나이만큼 타임아웃을 시킨다.

또 다른 친구는 때리지 않기, 뛰지 않기, 나눠 쓰기, 서로 돕기, 고운 말 쓰기 등을 규칙으로 정하고 아이들 방에 붙여놓았다. 때리지 않기를 어겼을 경우에는 바로 타임아웃이다. 하지만 고운 말 쓰기를 어기면 세 번까지 기회를 주고, 그래도 지키지 않으면 TV 시청 기회를 빼앗는다.

이렇게 집집마다 정해진 규칙이 다르지만 자세히 살펴보면 몇 가지 공통점이 있다는 걸 알 수 있다.

보통 아이가 2~3세 정도로 어릴 때는 두세 가지 규칙을 정해놓는다. 규칙이 너무 많으면 기억하기 힘들기 때문이다.

많은 경우 사회가 준수하고 있는 규칙을 토대로 패밀리 룰을 만든다. 학교에서 지켜야 할 내용은 집에서부터 가르친다. 예를 들면 실내에 맞는 목소리로 말하거나 걸음걸이 유지하기, 지시 사항 따르기, 순서 지키기, 나눠 쓰기 등이다. 그 때문에 미국 아이들은 처음 유치원에 갔을 때 학교 규칙에 어렵지 않게 적응할 수 있다. 레스토랑이나 놀이터에서의 규칙도 비슷한 기준에서 정해져 있다.

그리고 가능하다면 패밀리 룰은 모든 가족이 함께 지키도록 한다. 형이나 누나라고, 아빠나 엄마라고 예외는 없다. 예전 내 직장 동료 중에는 자녀들이 아빠의 행동에 이의를 제기하는 바람에 설거지를 하고, 담배까지 끊은 이가 있다.

패밀리 룰 중에 집안일 나눠 하기, 건강한 습관 지키기 등이 있었는데 중학생 된 딸이 아빠는 설거지도 안 하고 담배까지 피우냐고 항의했다는 것이다. 한국 문화에서 보면 아빠의 권위에 도전하는 버릇없는 딸일 수도 있다.

하지만 그 동료는 부당한 것에 이의를 제기하는 딸의 자세를 긍정적으로 평가했고, 그날 이후 다른 가족들과 공평하게 설거지를 하고, 건강을 위해 담배까지 끊었다.

패밀리 룰은 아이들이 성장함에 따라 수정 또는 추가한다. 어떤 가정에서는 가족회의를 소집해 아이들과 함께 새로운 규칙을 만들고, 이에 따른 상과 벌을 정하는 경우도 있다.

이런 가족회의는 보통 아이가 학교생활을 시작하고 의사소통이 가능하면 시작한다. 아이가 자신의 생각을 표현하고 토론하는 연습을 할 수 있는 좋은 기회이기도 해서 정기적으로 개최한다. 문제가 있을 때만 가족회의를 소집하면 가족 구성원이 서로를 비난할 수 있기 때문이다.

가만히 살펴보면 미국에는 한 가지 정신이 바탕에 깔려 있는 듯하다. 'E Pluribus Unum.' '여럿으로 이루어진 하나(Out of Many, One)'라는 뜻의 라틴어로 미국의 모토이기도 하다. 미국의 국새(國璽)에 그려진 독수리가 입에 물고 있는 리본에 쓰여 있는 글귀다. 바로 이 '여럿으로 이루어진 하나'라는 정신이 국가부터 사회, 가정, 각 개인에 이르기까지 그대로 흐르고 있다.

미국이 연방이라는 큰 제도 아래 각 주의 자치권을 인정하듯 부모도 패밀리 룰이라는 큰 틀을 정해놓고 아이의 개별성을 인정해준다. 나라도 여럿(50개 주, 1개 자치구)이 하나(연방정부)를 이루었듯 가정도 여럿(아빠, 엄마, 자녀, 반려동물)이 하나(가족)를 이루기 때문이다.

패밀리 룰을 통해 가정에서부터 법을 만들고, 법과 규칙의 중요성을 가르치는 미국 엄마들. 책임감 있는 미국 시민을 키워내는 작지만 큰 비결이 아닐까 싶다.

페어링 앤드 셰어링: 미국 학교의 독서 교육법

미국에는 다양한 학교들이 있지만 모두가 공통적으로 강조하는 부분이 있다. 바로 독서다. 글을 읽는 능력은 모든 과목의 학습과 직결된다. 아무리 수학을 잘해도 문제를 제대로 읽지 못하면 틀린 답을 쓸 수밖에 없다. 특히 배움을 처음 시작하는 미국 초등학교에서는 독서 교육을 매우 중요하게 다룬다.

대부분의 초등학교에는 도서관이 있으며, 1학년도 책을 빌리고 반납하는 교육을 받는다. 교사가 직접 교실에서 작은 도서관을 운영하는 경우도 있다. 수년에 걸쳐 만든 자신만의 서가에서 아이들에게 책을 빌려주는 것이다.

독서 교육을 중시하다 보니 아이들의 독서 능력을 전문적으로 측정하고 가르치는 전문 교사를 둔 학교도 있다. 독서 전문가(Reading Specialist)라고 부르는 이들은 학교나 교육구 소속으로 일하면서 독서 능력이 부족한 학생들을 도와준다. 학생마다 독서 카드를 만들고, 이해력이 떨어지거나 글자를 읽는 데 어려움이 있는 학생들은 소그룹이나 개별적으로 지도한다. 독서 전문가들은 교사를 상대로 독서 능력이 떨어지는 학생에 대한 교육 방법을 전수하기도 한다.

이렇게 독서 능력 향상과 이를 위한 교육은 미국 초등학교 교육의 핵심이라 해도 과언이 아니다. 초등학교에서는 선생님이 아이들에게 책을 읽어 주고, 서로 질문 및 토론을 하게 한다. 이때 선생님이 아이들에게 가장 많이 하는 말 중 하나는 'Pairing and Sharing(짝을 지어 서로 이야기하기)'이다. 책을 읽고 느낀 점에 대해 서로 토론할 기회를 주는 것이다.

또한 독서 시간에는 교사가 아이들에게 질문도 많이 한다. 단순히 "이 책을 읽고 무엇을 느꼈니?"라는 질문이 아니다. 표지를 보여주고 책의 내용을 상상해서 발표하게 하거나, 독서 중간에 다음 내용을 상상해서 써보도록 한다. "내가 작가라면 어떻게 다른 결말을 만들까?"라는 숙제를 내주기도 한다.

각종 특별 활동을 통해 아이들이 독서에 재미를 붙이고 좋은 습관으로 이어가도록 훈련하는 것도 교사의 몫이다. 어떤 선생님들은 '독서 올림픽'을 개최한다. 일정 기간 동안 팀원이 읽은 페이지 수를 합산해 가장 많이 기록한 팀이 우승하는 게임이다.

'리딩 버디(Reading Buddy)'는 고학년과 저학년 학생들이 함께 독서를 즐기는 활동이다. 일주일에 한 번씩 고학년 아이들이 저학년 반에 가서 책을 읽어준다. 1학년인 딸아이 반에는 매주 목요일마다 3학년 아이들이 방문한다. 딸아이가 집에서 가져간 책 세 권을 리딩 버디인 3학년 제니가 읽어준다. 독서를 통해 두 아이가 서로 소통하고 의견을 나누는 연습을 하는 것이다. 그리고 고학년 아이들은 자신보다 어린 아이들에게 책을 읽어주는 활동을 통해 남을 배려하고 상호 소통하는 법도 터득한다.

어떤 도서관에서는 '강아지에게 책 읽어주기' 행사를 펼치기도 한다. 훈련받은 '세러피 도그(Therapy Dog)'를 도서관으로 초청해 책을 읽어주는 것이다. 아이들은 자신의 독서 능력을 평가하지 않고 묵묵히 들어주는 강아지를 통해 자신감을 쌓는다. 특히 독서 능력이 떨어지거나 말을 더듬는 버릇이 있는 아이들, 자신감이 부족한 아이들을 치료하는 방법으로 사용한다.

주인 없는 강아지들이 머물고 있는 셸터(Shelter)를 정기적으로 방문해 책을 읽어주거나, 자신의 반려견과 독서 시간을 갖는 아이들도 어렵지 않게 볼 수 있다.

미국의 독서 교육을 한마디로 정의하면 '재미'다. 독서가 유익하다는 것은 누구나 안다. 독서가 공부가 아니라 놀이가 되려면, 놀이를 넘어 습관이 되려면 어떻게 해야 할까. 미국 엄마와 교사들은 이를 끊임없이 연구하고, 재미있는 방법으로 독서를 가르친다.

책만 읽으라고 하면 도망치는 아이들에겐 미국식 재미난 독서 교육법이 작은 해법이 될 수 있을 것이다.

3-7
에그 베이비 프로젝트: 달걀로 하는 성교육

LA의 한 고등학교 9학년(한국의 고등학교 1학년) 보건 시간(Health Class), 학생들이 달걀에 그림을 그리고 있다. 어떤 학생은 매직으로 간단하게 눈·코·입만 그려 넣고, 어떤 학생은 넥타이나 멜빵바지를 입혀서 한층 실감나게 표현했다.

그림 그리기를 끝낸 학생은 달걀이 들어갈 상자를 만든다. 어떤 학생은 고무줄을 사용해 달걀이 흔들리지 않게 묶고, 어떤 학생은 부드러운 천을 사용해 달걀을 감쌌다.

모든 과정을 마친 학생들에게는 2주일 동안 달걀 돌보기 과제가 주어진다. 이 '에그 베이비 프로젝트(Egg Baby Project)'를 수행한 뒤에는 보고서를 제출해야 한다.

학생들은 1주일 동안 등하굣길은 물론 어디를 가든 이 달걀을 갖고 다닌다. 교사들에 따르면, 전체 학생의 절반 정도가 1주일 안에 달걀이 깨지는 경험을 한다고 한다.

사실 달걀이 깨졌는지, 안 깨졌는지 중요하지는 않다. 달걀을 돌보는 동안 어떤 생각을 했는지, 무엇을 느꼈는지, 부모님과 어떤 이야기를 나눴는지가 보고서의 핵심 내용이다. 에그 베이비 프로젝트는 성교육 수업이기 때문이다.

달걀 대신 아기 인형을 돌보는 성교육도 있다. 갓난아기 모양의 인형을 1주일 동안 돌보며, 그 과정을 보고서로 작성하는 프로그램이다.

아기 인형은 수시로 울고 떼를 쓴다. 이때마다 아기한테 우유를 주고, 트림을 시키고, 기저귀를 갈아줘야 한다. 졸려서 울면 달래서 재워야 한다. 운 이유와 학생의 대처 방법이 맞을 경우 인형은 울음을 그친다. 그렇지 않을 경우 아기 인형의 울음은 계속된다.

귀찮다고 해서 계속 울게 내버려둘 수도 없다. 인형에 센서가 달려 있어 아기를 얼마나 잘 돌봤는지 추적할 수 있기 때문이다. 이는 곧 점수로 이어진다. 아기를 심하게 방치하면 자칫 생명이 위독해지거나 작동을 멈춰 죽어버릴 수도 있다.

학생들은 아기나 달걀을 돌보면서 성관계엔 책임이 따른다는 것을 실감한다. 그 책임이란 생명이 잉태되고 이를 돌보는 과정이며, 이 모든 일이 자신의 삶에 어떤 영향을 미치는지 몸소 느끼는 것이다.

미국의 성교육은 시청각 자료를 보고 성관계와 피임, 출산, 성병 등에 대해 배우는 단순한 과정이 아니다. "성관계는 나쁜 것이니 하지 말라"는 일방적 가르침도 아니다. '모든 것은 너의 선택'이고, 그 선택에는 책임이 따른다는 걸 직접 경험하게 만든다.

모든 학교가 성교육을 의무적으로 시행해야 하는 것은 아니다. 학군, 학교에 따라 다른데 한국의 초등학교 6학년에서 중학교 2학년 정도인 5~7학년에 처음 성교육을 시행하는 것이 일반적이다.

공립학교의 첫 성교육은 10대 초반에 이뤄지기 때문에 학생들은 사춘기를 앞두고 겪게 될 신체적·정신적 변화에 대해 전반적으로 배운다.

현재 LA 통합교육구(LAUSD)의 공립학교는 7학년부터 성교육을 시행하고 있으며 현행보다 3년 빠른 4학년에 교육을 시행하는 방안을 논의 중이다. 성교육 교재는 교육학자 웬디 셀러스(Wendy Sellers)가 쓴 《사춘기(Puberty: the Wonder Years)》를 사용한다. 현재 27개 주에서 성교육 교재로 쓰이는 책이다.

학교에서 성교육을 시행하기 위해서는 부모의 동의서를 받아야 하며, 부모가 원하지 않을 경우 동의하지 않을 권리도 있다. 시간이나 방법, 내용 등은 학교마다 다르다.

내 주변에 있는 미국 친구들을 보면 성교육은 가정과 학교에서 같이한다고 생각하는 경우가 많다. 그 때문에 자녀가 초등학교 미만일 때부터 '굿

터치(Good Touch)'와 '배드 터치(Bad Touch)'에 대해 가르친다. 내 몸에 대한 소유권은 나에게 있으며, 내가 원하지 않을 경우 언제나 "No"라고 말하라는 것이 기본 원칙이다. 그래서 미국 엄마들은 아이가 성인 어른과 인사할 때 포옹이나 가벼운 키스 등의 인사를 거부하면, 이를 강요하지 않는다. 성인 남자는 여자아이들과 인사할 때 특별히 조심한다.

청소년 자녀를 둔 부모는 자녀와 함께 참석하는 사설 성교육 프로그램에 등록하기도 한다. 이런 프로그램은 자신의 종교적 신념이나 가치관에 맞는 성교육을 원하는 부모들이 참석하는 경우가 대부분이다. 최근 10년간 10대 임신률이 감소세를 보이고 있는데, 이는 학교와 가정이 함께 올바른 성교육을 위해 노력한 결과라는 분석도 있다.

'성'이라는 주제로 자녀와 대화를 나누는 것은 미국 부모들에게도 쉬운 일은 아니다. 하지만 미국에서는 학교나 사회가 나서서 부모가 자녀와 성에 대해 이야기할 수밖에 없는 환경을 만들어준다. 성교육 후 부모와 그에 대한 이야기를 나누고 사인을 받아오게 하거나, 청소년 자녀가 학교 과제로 아기 인형이나 달걀을 집에 가져오면 부모 역시 관심을 가질 수밖에 없다. 미네소타주에서는 10월을 '이야기 나누는 달(Let's Talk Month)'로 정하고 주 정부 캠페인을 통해 가정 내 성교육의 중요성을 강조하기도 했다.

잘못된 성교육은 여러 가지 사회 문제로 이어질 수 있다. 한국에서도 좀 더 현실적이고 실질적인 성교육이 가정과 학교, 사회의 협력 안에서 이뤄지길 바란다.

초어스:
소속감과 성취감을 배우는 집안일

미국 엄마들은 아이가 어릴 때부터 집안일을 가르친다. '집안일'을 영어로
'초어스(Chores)'라고 하는데, 미국 엄마들은 아이가 2~3세쯤이면 초어스
리스트(Chores List)를 만든다.

　아이들은 '초어스'를 통해 자립심과 성취감을 배우고 책임감을 얻는다.
가족 구성원의 한 사람으로서 어떤 역할을 수행한다는 자신감은 곧 소속감
으로 이어진다. 가정에서부터 공동체 정신을 배우는 것이다.

　아이들은 초등학교에 입학하면 아침 기상 시간에 맞춰 일어나 직접 옷
을 찾아 입고, 혼자 세수하고 이를 닦는다. 그리고 엄마가 식탁에 준비해둔
시리얼이나 토스트 등을 원하는 만큼 덜어 먹은 다음 책가방을 챙기면 등교
준비가 끝난다. 어릴 때부터 자기 일은 스스로 알아서 하도록 하고, 가족이
라는 공동체에서 본인의 몫을 감당하도록 가르친 결과다.

　나는 미국 아이들이 초어스를 2~3세부터 시작하는 것을 보고 놀랐다.
두 살이면 아직 말도 잘 못하는 나이 아닌가. 이 아이들이 집안일을 돕는다
니 상상이 되지 않았다.

　2~3세에 할 수 있는 초어스는 장난감 정리하기, 책 제자리에 꽂기처럼
간단한 것이다. 미국 엄마들은 식사 전에 테이블을 세팅하고, 식사 후에 그

룻을 정리하는 것도 이 또래 아이들이 할 수 있다고 믿는다. 일정한 장소에 빨랫감을 갖다놓는 것도 할 수 있다. 세수나 칫솔질도 점차 혼자 할 수 있게 해준다.

유치원에 입학하는 4~5세부터는 혼자 잠자리 정리하기, 옷 입기, 세수하고 빗질하기 등도 할 수 있다. 아울러 빨래한 옷을 개거나 세탁물 분류하기, 화초에 물 주기, 애완동물 식사 준비 등도 이 또래 아이들이 많이 하는 초어스다.

초등학교 1~2학년인 6~7세 아이들은 요리를 배우기 시작한다. 미국 엄마들은 아이가 더 어릴 때부터 베이킹이나 요리를 가르치는데, 레시피를 따라 하는 과정 자체에 큰 배움이 있기 때문이다. 순서를 맞추려면 집중력이 필요하고, 분량을 계량하는 것은 수학과 연결된다. 완성된 음식은 아이에게 시각적 성취감을 선사하고, 맛이 부족하거나 잘못된 부분이 생기면 다시 도전해보고 싶은 긍정적 동기도 부여된다. 샌드위치, 피자, 컵케이크 등을 간단히 만들어볼 수 있고, 계란이나 파스타 삶기 등도 가능하다. 그리고 이 나이쯤 되면 혼자 목욕하고, 화장실도 스스로 청소한다.

8~9세는 전기 청소기나 빗자루와 쓰레받기를 이용할 수 있는 나이다. 또한 간단한 바느질과 다림질을 배우고, 쓰레기를 갖다 버리는 것도 도와줄 수 있다.

중학생인 10~13세는 독립성이 중요해지는 시기다. 침대 시트를 갈거나 오븐을 사용해 요리하거나 세탁기도 직접 돌릴 수 있다. 잔디를 깎거나 직접 물건을 구입하기도 한다. 간단한 공구 사용법을 배워 집 안에서 고장 난 것들을 고치기 시작한다.

고등학생인 14~18세는 집안일을 시킨다기보다 같은 집에 살면서 본인의 역할을 다하는 나이다. 오븐 청소, 청소기 정리, 막힌 하수구 뚫기 등을 배운다. 특히 운전면허 시험을 볼 수 있는 16세는 아이들에게 의미가 크다. 16번째 생일을 '스위트 식스틴(Sweet Sixteen)'이라고 부르며 특별한 생일 파티를 연다. 운전을 할 수 있다는 것은 어디든 갈 수 있다는 의미다. 오일 체인지나 자동차 정비를 배우며 완벽한 독립을 준비한다.

그렇다면 이렇게 집안일을 한 아이에게 부모는 용돈을 줘야 할까. 이에 대해 미국 엄마들은 여전히 논쟁 중이다. 노동에 대한 정당한 대가를 주고, 이를 경제 교육으로 이어가야 한다는 의견이 있는 반면, 가족 구성원으로서 해야 할 일을 했을 뿐, 이를 돈으로 환산하는 것은 바람직하지 않다는 의견도 있다.

한 미국 친구에게 '집안일과 용돈'의 관계에 대해 물어본 적이 있다. 그 친구에겐 남매가 있는데 큰아이는 고등학생, 작은아이는 중학생이다. 친구는 아이들에게 집안일을 시키고 용돈을 주는 쪽이었다. 그런데 아이들이 10대가 되더니 어느 날 이렇게 말하더란다.

"엄마, 앞으로는 초어스했을 때 용돈 안 줘도 돼요. 생각해보니 이건 엄마한테 돈 받고 할 일이 아니고, 우리가 알아서 해야 할 일인 것 같아요."

친구의 이야기를 들으니 초어스를 하느냐 마느냐, 용돈을 주느냐 마느냐 자체가 중요한 것은 아니라는 생각이 들었다. 더 중요한 것은 부모가 초어스를 가르치는 궁극적인 이유다.

미국 엄마들의 자녀 양육법은 제각각이다. 다양성이 공존하는 나라이다보니 양육법과 교육법 또한 그렇다. 그런데 한 가지 공통점이 있다. 어떤 양육법과 교육법을 선택한 데는 자신만의 이유가 확실하다는 점이다. '방법' 보다는 그 밑에 깔린 '가치'에 더 집중한다. 그래서 방법은 달라도 다들 같은 곳을 지향한다. 아이가 독립적이고 책임감 있는 성인, 공동체에 기여하는 개인, 더 나아가 미국 시민, 세계 시민으로 성장하길 바란다. 초어스는 하나의 방법일 뿐이다.

미국 엄마들처럼 오늘 당장 우리 아이에게 '초어스 수행하기'를 과제로 내주고 싶은 마음이 들었다면 먼저 스스로에게 질문해보기 바란다. 왜 초어스를 시키려고 하는지, 아이가 어떤 사람이 되길 바라는지, 그런 사람이 되기 위해 어떤 가치를 가르치고 있는지, 그리고 무엇보다 부모 자신은 어떤 사람인지를 말이다.

미국 엄마들은 자신의 부모는 물론 학교에서, 사회에서 이런 질문을 수없이 받으며 성장했다. 아울러 초어스를 하면서, 라이프 스킬을 배우면서 나름 그 답을 찾았다. 그리고 자신만의 답을 중요한 가치로 삼아 자신의 삶을 살아가며, 부모로서 자녀를 양육한다. 미국 엄마들의 자녀 양육법이 다 다른 듯 보여도 하나같이 자신감 넘치는 이유는 자신만의 가치관이 확실하기 때문이다.

• **미국 엄마들이 가르치는 나이별 초어스와 라이프 스킬**

2~3세:

장난감 정리하기

스스로 옷 입기

입었던 옷 빨래통에 넣기

식사 후 그릇 정리하기

테이블 세팅 돕기

4~5세:

간단한 청소 돕기

식사 후 테이블 정리하기

애완동물 식사 준비하기

세면, 칫솔질, 빗질 스스로 하기

세탁물 분류하기

화초에 물 주기

이름, 주소, 전화번호 외우기

응급 전화 거는 법 알기

화폐 개념 알기

수영 배우기

6~7세:

쉬운 요리 배우기

섞고, 젓고, 둔한 칼로 자르는 법 배우기

샌드위치 만들기

식료품 정리 도와주기

설거지하기

청소 도구를 사용해 안전하게 청소하기

화장실 사용 후 정리하기

침구 정리하기

혼자 목욕하기

8~9세:

옷 정리하기

간단한 바느질 배우기

개인 청결 유지하기

아웃도어 스포츠용품 관리 하기

식재료 목록 만드는 일 도와주기

전화 메시지 받아 적기

간단한 잔디 관리법 익히기

쓰레기 버리기

응급 처치 배우기

10~13세:

혼자서 물건 구입하기

이불 시트 갈기

세탁기와 건조기 사용해서 빨래하기

몇 가지 재료로 요리하기

오븐 사용하기

다림질 배우기

잔디 깎기

간단한 공구 사용법 익히기

집에 혼자 있기

지도 읽기

파티 준비하기

14~18세:

청소 및 요리와 관련한 고급 기술 배우기

청소기 정리하기

오븐 청소하기

건강한 재료로 요리하기

야외에서 그릴 요리하기

개인 수표 쓰기

가스 채우기, 타이어 공기 넣기, 펑크 난 타이어 관리하기

영 어덜트:

혼자 어떻게 살 것인지 생각하고 준비하기

병원 예약하고 정기 검진하기

재정 관리 및 고지서 내기

신용카드 쓰는 법 익히기

자동차 리스, 아파트 계약하기

개라지 세일:
경제와 사회를 실습하는 현장

어느 화창한 일요일, 동네를 걷다 보니 아이들이 장난감을 팔고 있었다. 나무에 '개라지 세일(Garage Sale)'이라고 크게 써서 붙여놓고 풍선으로 장식도 했다.

보통 Garage는 집에 있는 '차고'를 말하는데, 개라지 세일은 자신의 집에 있는 중고 물품을 내다파는 것을 뜻한다. 팔고 싶은 물건을 차고에 진열하거나 앞마당에 펼쳐놓아 야드(Yard: 앞마당) 세일이라고도 부른다.

동네 사람들이 지나가다 발길을 멈췄다. 누구는 "너희들 정말 멋진 일을 하는구나" 하며 칭찬하고, 또 누구는 "몇 시까지 하니? 이따가 다시 올게" 하며 관심을 표했다.

나 역시 딸아이에게 사줄 장난감이 있을까 싶어 발길을 멈췄다. 여자아이가 먼저 말을 걸었다. 잠시 이야기를 나누며 아이가 일곱 살인 것과 이름이 브릿지라는 걸 알게 됐다. 프랑스 사람인 아빠가 자신을 부를 때 발음과 미국 사람들의 발음이 다르지만 "그냥 브릿지라고 부르면 돼요"라며 영어식 발음을 가르쳐줬다. 일곱 살이면 초등학교 1학년 정도인데, 붙임성이 참 좋다고 생각했다.

브릿지는 내 딸의 나이를 묻더니 낡은 강아지 인형을 추천했다. 자신이 가장 좋아하는 것이라고 했다. 손때가 묻은 걸 보니 브릿지의 사랑을 많이 받은 듯싶었다. 2달러란다. 바비 인형 4개가 있어 가격을 물어보니 역시 2달러라고 했다.

"4개 다 사면 8달러에 줄게요."

2달러짜리 4개를 사면 원래 8달러 아닌가. 무슨 말인가 싶어 저 멀리 앉아 있는 브릿지의 엄마를 쳐다봤다. 그녀는 눈을 찡긋해 보이더니 큰 소리로 말했다.

"정말 좋은 가격이죠? 하나에 2달러, 4개에 8달러!"

그녀는 끝까지 멀찍이 앉아 아이들의 개라지 세일 모습을 지켜보기만 했다. 아이들이 제시하는 가격은 예측 불허였다. 꽤 값이 나가 보이는 2층짜리 장난감 캐슬은 1달러인 반면 낡은 강아지 인형은 2달러. 값을 매기는 기준은 '내가 좋아하는 것과 싫어하는 것'이었다.

브릿지가 멋져 보이는 캐슬의 값을 1달러라고 하자 옆에 있던 남자아이가 "더 비싸게 받아도 돼. 너는 큰돈을 벌 수 있어!"라고 소리쳤다. 브릿지보다 두세 살쯤 많아 보였다.

브릿지의 대답은 간단했다. "싫어. 난 저 캐슬 안 좋아해. 1달러야."

결국 나는 10달러는 족히 되어 보이는 장난감 캐슬을 1달러에 '득템'했다. 이 에피소드가 기억에 남는 이유는 브릿지 엄마의 반응 때문이다. 나 같으면 상황을 지켜보다 결국 "아이가 잘 몰라서 그러니 10달러 주세요" 혹은 "1달러는 너무 싸니 5달러 주세요"라고 끼어들었을지 모른다. 그런데 브릿지 엄마는 끝까지 모든 상황을 딸에게 맡겼다.

나는 미안한 마음에 여전히 저 멀리 앉아 있는 브릿지 엄마를 쳐다봤다.

그녀는 미소를 지으며 어깨를 으쓱했다. '괜찮아요. 아이가 그 가격에 팔고 싶어 하잖아요'라고 말하는 것 같았다. 뭔가 특별한 미국 엄마의 '포스'가 느껴졌다.

미국에서 보편화되어 있는 개라지 세일은 특히 아이들의 사회성 발달과 수학 능력 향상 등에 큰 도움을 준다. 개라지 세일이 아이들에게 어떤 긍정적 영향을 미치는지, 어떻게 준비해야 하는지 등을 주제로 출판한 책도 있다.

《개라지 세일 아메리카(Garage Sale America)》의 저자 브루스 리틀필드(Bruce Littlefield)는 자신의 책에서 "개라지 세일은 반드시 아이들과 함께 하라"고 강조했다. LA 인근 오렌지 카운티의 유명 지역 신문 〈오렌지 카운티 레지스터(Orange County Register)〉나 시카고 지역 언론 〈시카고 트리뷴(Chicago Tribune)〉 역시 관련 기사에서 아이들의 개라지 세일 참여를 독려했다.

관련 자료에 따르면 6~7세 정도의 아이들은 직접 물건을 팔 수 있다. 아이가 물건을 사려는 사람에게 먼저 말을 걸고 가격을 흥정할 수 있도록 미리 연습하는 것도 좋은 팁으로 소개한다. 기사를 보니 붙임성이 좋아 보이던 브릿지가 떠올랐다. 브릿지의 성격 때문일 수도 있지만 엄마와 미리 연습을 했을 수도 있겠다는 생각이 들었다. 초등학교 이하의 아이들은 컵케이크를 굽거나 레몬에이드 등을 만들 때 참여시킨 다음 이를 판매하는 일을 돕게 하라는 조언도 있었다.

전문가들의 말을 정리하면, 개라지 세일은 아이들에게 세 가지 장점이 있다.

첫째, 아이들은 자신의 물건을 스스로 정리할 수 있다.

팔 것을 고르기 위해서는 일단 정리를 해야 한다. 미국 엄마들은 "장난감 치워라", "장난감 버린다"는 명령이나 협박 대신 "우리 개라지 세일을 해보자"고 제안한다. 안 가지고 노는 장난감, 안 입는 옷을 아이 스스로 정리할 동기를 만들어주는 것이다.

둘째, 대인 관계와 수 개념 등을 배울 수 있다.

아이들은 물건을 팔면서 모르는 사람과 이야기하고 계산해야 한다. 사회성 발달과 수학 공부를 저절로 하는 셈이다.

셋째, 세상에 쉬운 일은 없다는 것을 깨닫는다.

판매할 물건을 고르는 것 자체가 아이들에겐 쉽지 않은 도전이다. 개라지 세일을 통해 아이들은 돈을 벌기 위해, 즉 목표를 달성하기 위해 상당한 노력을 해야 한다는 것을 직접 느낄 수 있다. 초등학교 고학년이나 중·고등학생의 경우는 마케팅이나 비즈니스 마인드를 키울 수 있다.

우리는 어릴 때부터 돈을 알 필요는 없다고 배웠는데 오히려 미국 엄마들은 어릴 때부터 돈의 원리를 가르쳐준다. 그 덕분에 미국 아이들은 하고 싶은 일을 하기 위해서는 자본이 필요하고, 자본을 만들기 위해서는 일을 해야 한다는 세상 논리에 일찌감치 눈을 뜬다. 18세가 되면 집을 떠나 독립해야 하기 때문에 고등학교 때부터 아르바이트를 하면서 용돈을 버는 아이도 많다.

얼마 전 할리우드 스타 커플 리즈 위더스푼과 라이언 필리프의 딸 에이바 필리프가 유명 피자 가게에서 아르바이트하는 모습이 파파라치에게 포착됐고, 버락 오바마 전 대통령의 딸 샤샤는 매사추세츠주의 유명 휴양지에 있는 시푸드 레스토랑 카운터에서 아르바이트를 한 것으로 알려졌다.

엄마 아빠가 부자이거나 유명인이어도 아르바이트를 통해 사회 경험을 쌓고 경제 논리를 배우길 바라는 미국 부모들의 교육철학이 고스란히 묻어나는 대목이다.

3-10
코핑 스킬:
떼, 화, 짜증을 스스로 다스린다

딸아이와 비슷한 또래 친구들이 모여서 플레이 데이트를 하고 있었다. 엄마들이 앉아 있는 곳으로 네 살 된 브랜든이 걸어왔다. 잔뜩 찌푸린 얼굴이었다.

"엄마, 내가 괴물을 만들고 있는데 동생이 종이를 가져갔어요. 기분이 안 좋아요. 잠시만 안아주세요."

"얼마 동안이면 될까?"

"1분요. 빅 허그(Big Hug)."

엄마 품에 꼭 안긴 브랜든은 1분이 채 되기도 전에 다시 친구들이 있는 곳으로 돌아갔다. 기분이 한결 좋아 보였다.

"요즘 브랜든이 제일 좋아하는 코핑 스킬(Coping Skill)이야. 빅~ 허그."

함께 있던 엄마들도 아이 또는 자신의 코핑 스킬을 소개했다. 지나의 큰 아들은 중학생인데 수학 문제가 잘 안 풀리면 몇 분 동안 피아노를 쿵쾅쿵쾅 치고 다시 방으로 들어간다고 했다. 테레사는 어릴 때 배운 뜨개질이 지금도 스트레스를 푸는 데 도움이 된다며 딸에게도 가르쳐준다고 했다.

코핑 스킬이란 스트레스나 분노, 불안 등 심리적으로 어려운 상황이 벌어졌을 때 이를 처리할 수 있는 기술을 말한다. '대처하다'라는 뜻의 Cope 와 '기술'이란 뜻의 Skill을 합친 말이다.

미국 엄마들은 이러한 코핑 스킬을 어렸을 때부터 가르친다. 말을 알아듣고, 옳고 그름을 구별할 줄 아는 나이의 아이들은 얼마든지 배울 수 있는 능력이라 생각한다. 3~4세 정도면 충분하다. 한국에서 자란 나는 코핑 스킬이란 단어 자체를 몰랐다. 미국 엄마들에게 물어보고 자료를 찾으면서 열심히 배웠다.

코핑 스킬은 자기감정을 인식하고, 이를 언어로 표현하며 어떻게 처리할지 생각하는 과정이다. 본인 스스로 또는 다른 사람에게 도움을 청할 수 있다. 미국 아이들은 이 과정을 집과 유치원, 학교에서 계속 배운다.

코핑 스킬을 가르치려면 먼저 감정을 다룰 수 있어야 한다. 그리고 아이는 물론 엄마도 감정적으로 진정된 상태여야 한다. 대화가 가능하다고 판단되면 아이에게 부드러운 목소리로 마음이나 감정에 대해 물어본다. 아래처럼 다양하게 질문할 수 있다.

-지금 마음이 어떠니?
-그때 마음이 어땠니?

−어떤 감정이 느껴지니?

−기분이 어땠니?

아이가 자기감정에 대해 말하면, 조금 더 깊이 생각해보도록 질문할 수 있다.

−그 마음이 어디에 있니?

−그 감정이 네 몸 어디에서 느껴지니?

아이의 연령이나 감정 인식 정도에 따라 "배가 아프다", "가슴이 답답하다"고 표현하기도 한다. 머리, 손바닥, 어깨 등 감정이 느껴지는 위치를 가리킬 때도 있다. 딸아이는 속이 상할 때 손으로 가슴께를 가리키며 "요기가 쪼그라든다"고 표현하곤 했다.

아이가 어떤 표현을 하더라도 웃거나 놀라지 말아야 한다. "그렇구나", "제니가 그래서 그랬구나"처럼 아이 말을 다시 한 번 따라 하면서 담담하게 반응하도록 한다. 아이가 부정적 감정을 표현했을 때 엄마가 너무 놀라거나 야단을 치면, 아이는 그 감정을 '표현해서는 안 되는 것', '엄마가 싫어하는 것' 등의 선입견을 가질 수 있다.

아이가 감정을 충분히 느끼기 시작하면 그 감정의 원인을 생각해보도록 질문할 수 있다.

−무엇 때문에 그런 것 같니?

-어떤 일로 인해 그런 것 같니?

이런 질문에 대답하다 보면 아이는 어떤 상황에서 어떤 감정을 느끼는지 스스로 깨달을 수 있다. 이는 자신의 감정을 아는 것은 물론 공감 능력 향상에도 도움을 준다. 감정을 표현한 아이에게 충분히 공감하고, 그 감정이 자연스러운 것이라고 말해준다. 여기서 끝이 아니다. 감정을 다독이고 처리할 시간을 줘야 한다. 이때 필요한 것이 바로 코핑 스킬이다. 감정을 다루고 해결할 수 있는 방법에 대해 생각해보는 질문이 도움이 된다.

-어떻게 됐으면 좋겠니?
-그러기 위해선 어떤 도움이 필요하니?
-그럼 너는 무얼 할 수 있니?
-어떻게 하고 싶니?

아이가 너무 어리거나 방법을 잘 모른다면 엄마가 몇 가지 방법을 제안할 수 있다. 아래의 예시는 일반적인 미국 엄마들이 코핑 스킬로 가르쳐주는 것들이다.

-밖으로 나가서 뛰기
-산책하기
-공놀이하기
-노래 부르기

-눈을 감고 좋은 생각하기

-그림 그리기

-편지 쓰기

-일기 쓰기

-이야기 만들기

-책 읽기

-연극하기

-웃기

-종이 찢기

-울기

-머리 빗기

-손을 꽉 쥐었다가 풀기

-깊게 숨쉬기

-물 마시기

-누군가와 또는 무언가를 꼭 안기

-마음이 아픈 곳에 반창고 붙이기

일반적 스트레스 관리법으로 알려진 것들이다. 그런데 여기서 한 가지 주의할 점은 어린 아이들에게 코핑 스킬을 처음 가르칠 때는 가능하면 혼자서도 할 수 있는 것, 먹거나 자는 일과 관련되지 않은 것이 좋다.

만약 스트레스를 친구와 이야기하는 것으로 푼다면 그 친구가 없을 땐 관리하기 어렵다. 미국 엄마들이 중시하는 독립성이나 자립심과는 반대되는 모습이기도 하다. 맛있는 음식을 먹는 방법은 과도할 경우 폭식증을, 잠자기는 수면 문제를 초래할 수 있다. 드라마 보기나 게임하기 등도 지나칠 경우엔 중독으로 이어질 수 있다. 시각을 많이 사용하기 때문에 길어지면 오히려 피곤해지기 쉽다.

그 때문에 전문가들은 특히 어린 아이들에겐 산책, 책 읽기, 그림 그리기, 음악 듣기, 춤추기, 운동하기 등 스스로 할 수 있고 시간이 좀 길어져도 부정적 영향을 미치지 않는 방법을 조언한다.

미국 엄마들은 아이와 함께 코핑 스킬 차트(Chart)나 휠(Wheel) 등을 만들기도 한다. 미국 엄마들의 다양한 코핑 스킬 아이디어는 인터넷에서 어렵지 않게 찾을 수 있다. 코핑 스킬 차트, 코핑 스킬 휠 등의 단어를 검색하면 실제로 미국 엄마들이 활용하는 코핑 스킬을 배울 수 있다. 기발한 아이디어를 응용해 나만의 코핑 스킬을 만들어보길 제안한다.

3-11
엄마의 죄책감을
'빙고 게임'으로 만든 지혜

미국 동부에서 살 때 아파트 엄마들이 만든 온라인 커뮤니티 사이트가 있다. 지금은 이사를 했지만 탈퇴하지는 않았다. 대부분의 회원이 미국 엄마들이라 미국 교육이나 엄마들의 관심사 등 정보를 얻기에 좋아서다.

얼마 전 한 친구가 '엄마 죄책감 빙고(Mom Guilt Bingo)'라는 이미지를 게시했다. 빙고 게임은 보통 가로 세로 5칸씩 총 25칸에 일정한 주제의 단어를 적고, 자신이 해당하는 것에 동그라미를 쳐서 가로나 세로 또는 대각선으로 먼저 한 줄을 만드는 사람이 이기는 게임이다. 미국 사람들이 흔히 하는 게임이기도 하다.

'엄마 죄책감 빙고'는 혼자서도 할 수 있게 만들었다. 엄마들이 죄책감을 느끼는 상황이 빙고판에 적혀 있고, 자신은 몇 개나 해당하는지 동그라미를 치는 것이다.

친구가 게시물을 올린 후 댓글에 난리가 났다.

"모두 까맣게 됐어(Blackout)."

"난 두 개 빼고 다 빙고."

"배변 훈련을 해버렸네. 아쉽다, 1등 하고 싶었는데."

나는 "1등 하고 싶었는데"라는 한 친구의 댓글을 보고 이 게임의 묘미를 알았다. 아이러니하게도 '엄마 죄책감 빙고'는 죄책감을 느끼는 일을 많이 하면 할수록, 못하는 게 많을수록 1등을 하는 게임이다. 평소 내가 엉망이라고 생각하며 죄책감이 바닥을 쳤는데, 빙고 게임에서는 이것 덕분에 1등을 한다. 당연히 기분은 급상승이다.

빙고 게임의 백미라 할 수 있는 가장 중앙의 내용은 '공원에서 핸드폰 보고 있었음'이었다. 한 친구는 "여기에 동그라미를 하지 않았다면 거짓말을 하거나 너무 바빠서 충전을 못했을 것"이라고 했다. '미국 엄마들도 공원에서 다들 핸드폰을 하는구나', '그러면서도 다들 이러면 안 되는데 하는구나',

'애들 키우는 건 다 똑같네' 생각하니 웃음이 났다.

미국 엄마들에겐 긴장을 웃음으로 바꾸는 유머가 있다. 심각함을 유쾌함으로 바꾸는 유머다. 혼자 끙끙대며 고민하다 어렵게 이야기를 꺼내면, 미국 친구들은 "괜찮아", "나도 그래"라고 말해준다. 나만 이상한 게 아니라는 것, 나만 엉망인 게 아니라는 것을 확인하면 안심이 된다.

모두가 실수를 하며, 완벽한 엄마는 없다. 따라서 상대방을 비난하거나 죄책감을 유발하는 말이나 행동은 조심해야 한다. 미국 엄마들은 아이들에게 항상 강조하는 '나 자신을 존중하고, 다른 사람을 존중할 것'을 엄마들 사이에서도 실천하고 있다.

영어로 된 빙고판은 여러 가지 버전이 있는데 블로그 'sweettmakes three.com'이 만든 내용을 번역해봤다. 내용을 보면 모두가 아이를 키우면서 한 번쯤 해봤을 법한 일이다. 그래서 더 공감이 간다.

한국 엄마들이 빙고 게임을 만들면 어떤 내용이 들어갈지 궁금하다.

• **미국 엄마들의 '죄책감 빙고'**

저녁으로 피자를 줌	소리를 지름	베이비시터로 TV를 사용함	집에서 뭉개다 편한 옷 입고 아이를 데리러 감	육아 서적을 다 읽지 못함
오늘 하루 동안 순간순간을 소중하게 여기지 못함	소셜 미디어에 자랑할 만큼 멋있는 생일 파티를 못해줌	유기농이 아닌 식재료를 구입함	일하기 위해 출근함	집에 고과당 콘 시럽을 넣은 음식이 많음
임신한 후 와인이나 초밥을 먹음	아직 배변 훈련을 안 시켰음	공원에서 핸드폰 보고 있었음	카시트를 처음부터 앞을 보게 설치함*1	학급 사진 촬영일을 잊어버림*2
강아지를 안 사줬음	서너 살인데 벌써 욕을 알고 있음	아이의 미술 작품을 버렸음	점심으로 맥도날드 해피밀을 사줬음	무통 분만으로 출산함*3
임신 당시 체중을 여전히 유지하고 있음	돌 이전에 모유 수유를 중단했음	오늘은 아이에게 책을 읽어주지 않았음	욕실로 숨어버렸음*4	만화나 비디오 등을 보여줬음

*1 미국에서는 아기가 어릴 때 카시트가 뒤쪽을 보도록 설치해야 한다. 캘리포니아의 경우 만 2세까지 이를 지켜야 한다. 잘 몰라서 또는 귀찮아서 처음부터 앞으로 설치했다는 의미.

*2 학급 사진을 찍는 날이라 아이들이 모두 예쁘게 하고 오는데 아무렇게나 입혀서 보냈다는 뜻.

*3 자연주의 출산법이 인기를 끌면서 무통 분만에 대한 비판적 시선이 있음.

*4 화장실에서 볼 일을 보고 있을 때는 아무도 들어올 수 없다. 아이들로부터 피신하고 싶어 변기가 있는 욕실에 머물러 있었다는 뜻.

4부

미국을 세계 최강국으로 만드는
엄마들의 힘

The Power of
American Mother

상담사형 부모:
미국 엄마들의 이상형

미국 엄마들과 이야기하다 보면 '헬리콥터 맘' 또는 '타이거 맘'이라는 말을 종종 듣는다. 아이에 대한 이런저런 고민을 털어놓으면 미국 친구들은 하나같이 "잘할 거야", "괜찮아"라고 말하다가 때론 농담처럼 "근데 너, 헬리콥터 맘인 거 아니야?"라고 묻는다. 내가 동양인이라서 그런지 "너 아무래도 타이거 맘인 것 같다"고 할 때도 있다.

한국식으로 생각하면 지극히 평범한 엄마인데도 미국 친구들 눈에는 아이 문제를 나서서 해결해주려는 '헬리콥터 맘', 높은 기대치를 갖고 아이를 이끌어가는 '타이거 맘'처럼 보이는 듯하다.

미국 엄마들의 조언은 하나같다. 아이가 알아서 잘할 테니 미리 걱정할 필요 없다고 한다. 대신 도움이 필요할 때 부모를 찾을 수 있도록 대화의 통로만 잘 열어두면 된다고 한다. 한국 엄마 입장에서 보면 느긋하기 이를 데 없다. 반대로 미국 엄마 입장에서 보면 한국 엄마는 헬리콥터 맘 또는 타이거 맘이다.

요즘 미국 엄마들 사이에서는 페어런팅에 이름 붙이기가 유행이다. 여러 부모의 다양한 육아법을 특징별로 묶어 'ㅇㅇ식' 또는 'ㅇㅇ 맘'이라고 부르는 것이다.

미국에서는 전통적으로 자녀 양육 방식을 사랑과 통제의 정도에 따라 3~4가지로 분류해왔다. 임상 및 발달심리학자인 다이애나 바움린드(Diana Baumrind)는 1960년대 말, 부모의 요구나 통제만 많은 경우를 독재적(Authoritarian) 양육, 반대로 자녀의 필요에 민감하고 관심은 많으나 통제는 하지 않는 경우를 허용적(Permissive) 양육으로 분류했다. 독재적 양육은 통제만 많아서 너무 강하고, 허용적 양육은 허용이 과해서 너무 부드럽다는 평가를 받는다.

가장 이상적인 양육은 통제와 사랑이 공존하는 권위 있는(Authoritative) 양육 방식이다. '권위'라고 하면 왠지 강한 느낌이 들지만 여기서는 강하면서도 부드러운, 엄하면서도 따뜻한 양육 방식을 말한다. 몇 년 전엔 오바마 전 대통령 부부의 양육법으로 관심을 모으기도 했으며, 한국에서는 종종 '권위적 양육법'으로 번역하기도 한다.

1980년대 엘레노 매코비(Eleanor Maccoby)와 존 마틴(John Martin)은 바움린드의 이론에 사랑도, 통제도 없는 방임적(Neglectful) 방식을 추가해 4가지 양육 방식 이론으로 발전시켰다.

부모의 자녀교육 방식에 본격적으로 이름을 붙이기 시작한 것은 1990년대 초반부터다. 대표적인 것이 헬리콥터 맘이다. 최근엔 헬리콥터 맘의 발전된 형태인 제설차 맘이나 드론 맘이라는 신조어까지 생겨났다.

미국 육아 서적 중 대표적 스테디셀러인 《페어런팅 위드 러브 & 로직(Parenting with love & logic)》(이하 《러브 & 로직》)에 따르면, 헬리콥터 맘은 말 그대로 아이에게 위험한 일이 생길 것 같으면 즉각 헬리콥터처럼 떠올라 아이를 도와주는 부모를 말한다. 아이가 미처 챙기지 못한 과제물이나 점심 도시락을 학교로 배달하고, 아이가 활동할 자원봉사 기관도 대신 알아봐준다.

1990년대 중반에는 이보다 더한 유형의 엄마들이 등장했다. 《러브 & 로직》에 따르면 강력한 터보제트 엔진을 장착한 헬리콥터 맘이다. 이들은 자신의 아이를 위험에서 구조하는 데 그치지 않고, 아이를 불편하게 하는 상황이나 사람들에게 가차 없이 미사일을 날려 공격한다. 상대가 누구든 상관없다. 이 모든 것을 아이에게 완벽한 환경, 완벽한 삶을 만들어주기 위한 노력이라고 정당화한다.

시대의 흐름에 따라 이런 엄마는 계속 진화하고 있다. 아이를 밀착 경호하는 드론 맘도 그중 하나다. 헬리콥터보다 더 가까이, 더 세밀하게 아이 곁을 맴도는 신세대 부모를 뜻한다. 제설차 맘, 잔디깎기 맘 등도 비슷한 의미다.

한국 엄마 입장에서 생각해보면 자녀가 어려운 일을 겪지 않도록, 시행착오를 줄일 수 있다면 충분히 할 수 있는 행동이다. 하지만 미국 엄마들의 생각은 다르다. 아이가 스스로 어려운 일을 이겨내도록, 시행착오를 통해 스스로 배울 기회를 주기 위해 결코 해서는 안 될 행동으로 꼽는다.

또 한 가지 논란이 되고 있는 유형은 자녀를 자신의 명령 아래 두고 시키는 대로만 하게끔 만드는 부모다. 이를 흔히 '훈련관형 부모(Drill Sergeant Parents)'라고 부른다. 아이는 스스로 결정하는 능력을 키우지 못해 자신의 주관 없이 주변의 말에 휩쓸리기 쉽다. 동양의 권위적 문화와 맞물려 한국에도 많은 부모 유형이다.

《러브 & 로직》에서는 헬리콥터형이든 훈련관형이든 아이가 어렸을 때는 잘 따라오지만 문제는 청소년기에 접어들면서 생길 수 있다고 경고한다.

헬리콥터형 부모 밑에서 자란 아이는 자신의 문제를 스스로 해결할 능력이 부족하고, 훈련관형 부모의 자녀는 항상 자신에게 명령해줄 누군가를 찾아 헤맬 가능성이 크다.

훈련관형과 비슷한 유형이 바로 타이거 맘이다. 타이거 맘이라는 용어는 2011년 예일대 로스쿨의 에이미 추아(Amy Chua) 교수가 펴낸《타이거 맘의 군가(Battle Hymn of the Tiger Mother)》에서 처음 사용했다. 호랑이처럼 엄하고 혹독하게 자식을 교육하는 중국식 엘리트 교육법을 말한다. 추아 교수는 매일 시간을 재며 수학 문제를 풀게 하고, 하루 다섯 시간씩 악기 연습을 시켰다는 일화로 유명하다.

자녀의 자율성을 강조하는 양육법과 반대되는 유형이라 미국에서는 크게 화제가 됐으며, 이에 반발하는 이론이 나오기도 했다. 하지만 추아 교수의 큰딸 소피아가 하버드대와 예일대에 동시 합격하는 등 우수한 성적을 내자 일부 미국 부모 사이에서 타이거 맘 교육법을 배워야 한다는 목소리가 나오기도 했다. 지금은 엄격한 아시안 부모들의 교육법을 대표하는 말로 통용된다.

최근 몇 년 사이 미국에서도 프랑스, 덴마크 등 유럽식 육아와 교육이 많은 관심을 받고 있다. 2012년 〈월스트리트 저널〉 기자 출신의 뉴요커 파멜라 드러커먼(Pamela Druckerman)이 프랑스에서 아이를 키우며 쓴《브링 업 베베(Bring Up BeBe)》(국내에서는《프랑스 아이처럼》이라는 제목으로 출간) 이후 프랑스식 육아에 초점을 맞춘 책이 쏟아지고 있다.

요즘 미국 엄마들이 추구하는 '프리레인지 페어런팅(Free-range Parenting)'은 여전히 논란의 중심에 있다. 방목해서 키운 닭의 달걀을 말하는

'프리레인지 에그(Free-range Egg)'에서 유래한 것으로, 아이들을 좀 더 자유롭게 양육해야 한다는 의미를 담고 있다. 이와 뜻을 같이하는 부모들은 미국 사회가 아이를 과보호하고 있다고 주장한다. 요컨대 부모의 관리 감독 없이 아이 혼자 길을 걷고, 버스를 타고, 놀이터에서 놀 수 있어야 한다는 것이다.

문제는 아직 미국 사회가 '프리레인지 페어런팅'을 놓고 공감대를 형성하지 못한 데서 발생한다. 미국은 아이들의 안전을 가장 우선으로 생각하기 때문에 혼자 길을 걷는 아이, 혼자 놀이터에서 노는 아이를 보면 많은 사람이 아동을 방치했다며 경찰에 신고한다. 자율성을 키워주기 위한 양육법이라는 주장과 아이의 안전을 간과한 방치라는 사회적 시선이 팽팽하게 맞서고 있는 것이다.

이처럼 부모의 유형은 너무도 많다. 좋은 학교에 진학시키는 것이 목표라면 타이거 맘 스타일이 가장 잘 맞을지도 모른다. 미국 엄마들은 스스로 헬리콥터 맘이 되지 않으려 많은 노력을 한다. 요즘은 아이들의 자율성 극대화를 위해 프리레인지 페어런팅이 힘을 얻고 있기도 하다.

그렇다면 미국 엄마들이 가장 이상적으로 생각하는 양육 방식은 무엇일까.《러브 & 로직》에서는 '상담사형 부모(The Consultant Parent)'를 꼽았다. 주변에도 이런 유형의 미국 엄마가 가장 많은 듯하다.

아이와 함께 질문하고 대답을 찾아가며 상담사 역할을 해주는 부모다. 어릴 때는 부모가 통제권을 가지고 있지만 아이가 성장함에 따라 대화와 타협으로 이러한 통제권을 조금씩 넘겨준다. 절제력을 키워가며 부모로부터 삶의 통제권을 부여받은 아이들은 청소년기가 되면 자기 삶을 스스로 컨트롤할 수 있다.

그들은 아이보다 앞서 걸으며 잡아끄는 타이거 맘도 아니고, 장애물을 냉큼 치우며 위기에서 구해주는 헬리콥터 맘은 더더욱 아니다.

오히려 아이보다 한발 늦게 걷는다. 그리고 선택의 자유를 준다. 천천히 따라가며 아이의 실패와 좌절도 조용히 지켜본다. 실패를 통해 성공을, 좌절을 통해 인내를 배울 수 있다고 믿는다.

4-2
자상한 남편
오바마 대통령의 가정교육

세계 최강국의 수장인 대통령도 딸과 관련된 일이라면 뒤돌아 눈물을 훔친다.

미국 제44대 대통령인 버락 오바마는 과거 한 연설에서 큰딸 말리아를 하버드 대학에 데려다주고 오던 날을 회상했다. 심장 절개 수술을 받는 것처럼 고통스러웠다는 오바마 대통령은 "딸 앞에서 울지 않은 내가 자랑스러웠을 정도"라고 고백했다.

미국 최초의 흑인 대통령으로 새 역사를 써내려간 오바마 대통령이지만 딸 앞에서는 평범한 아빠에 불과했다. 조금 더 같이 시간을 보내지 못한 게 아쉽고, 자신으로 인해 딸들이 불필요한 기대와 시선에 노출된 것 같아 미안

했다.

이런 오바마 대통령이 백악관에서 지내는 동안 자신의 주요 업무 중 하나로 꼭 지켰던 게 있다. 바로 가족들과의 저녁 식사 시간. 오바마 대통령은 백악관에 입성할 때 '일주일에 5일은 가족과 저녁식사를 한다'는 철칙을 세웠다. 그리고 백악관에 머무는 8년간 이를 성실히 지켰다.

비서관들도 오바마 대통령의 가족 식사 시간을 전적으로 존중했다. 이때만큼은 오롯이 '오바마 가족'을 위한 시간이었다. 백악관에서 같이 지낸 영부인 미셸 오바마의 어머니도 저녁 식사엔 동석하지 않았다.

이 시간엔 항상 '장미와 가시(Rose and Thorn)'가 함께했다. 오바마 대통령이 '가족 전통(Family Tradition)'으로 이어오고 있다는 사실이 알려진 후 많은 미국 엄마들이 응용하고 있는 대화법이다.

장미는 오늘 하루 있었던 일들 중 '좋은 일', 가시는 '나쁜 일'을 뜻한다. 온 가족이 둘러 앉아 순서대로 그날 하루 자신의 장미와 가시는 무엇이었는지 말한다. 부모는 자녀가 장미만 많이 말하면 가시에 대해서도 생각해보도록, 반대로 가시만 많았다고 하면 장미는 무엇이었는지 생각해보도록 유도한다. 그리고 가시를 어떻게 하면 장미로 바꿀 수 있는지 질문한다.

장미가 아름다운 것은 꽃과 가시가 적절한 조화를 이루기 때문이다. 인생에도 좋은 일과 나쁜 일이 함께 존재한다는 것, 하지만 나쁜 일도 좋은 일로 바꿀 수 있는 긍정적인 힘이 자신에게 있다는 것을 장미와 가시를 통해 가르쳐줄 수 있다.

오바마 대통령은 두 살 때 아버지와 어머니가 별거하면서 사실상 아버지 없는 아들로 자랐다. 아버지의 부재는 자녀들에게 물려주고 싶지 않은 상처였다. 많은 경우 '닮고 싶지 않았던 나의 부모'를 알게 모르게 닮아버리고, 그 모습이 다음 세대로 전해진다는 걸 오바마 대통령은 잘 알고 있었다. 상원의원 선거 운동 시절, 가족과 떨어져 있을 때면 "딸들이 보고 싶다"며 눈물을 흘릴 정도로 자녀 사랑이 극진했다.

백악관에 입성한 오바마 대통령은 자신의 가족사에도 새로운 역사를 써나가기 시작했다. 친밀한 가족 대화를 통해 어머니가 남긴 유산인 배려심, 자립심, 성실, 가능성, 자신감, 행동력, 긍정적 사고방식을 자녀들에게 물려주려 했다. 동시에 그가 항상 외쳤던 변화의 힘은 자신 안에 있음을 가르치려 애썼다. 오바마 대통령은 "아버지의 부재라는 아픔을 나의 대에서 끊어버리고 싶었다. 새로운 대물림을 만들고 싶었다. 나에겐 그럴 능력이 있음을 믿었다"고 말했다.

오바마 대통령의 가족 사랑, 딸 사랑은 각별했지만 그렇다고 한없이 너그럽기만 한 아버지는 아니었다. 따뜻함과 냉철함이 공존하는 그의 리더십은 가정에서도 동일했다. 많은 사람이 차기 여성 대통령 후보로 미셸 오바마를 거론한다. 미셸이 아내이자 엄마, 여성 지도자의 역할을 동시에 성공적으로 수행해낸 것은 오바마라는 훌륭한 남편이 있었기 때문이라는 분석도 나온다.

두 사람은 가정에서 지켜야 할 냉철한 기준을 정해놓고 따뜻한 사랑으로 일관성 있게 두 딸을 양육했다. 한 사람이 정해놓은 규칙을 다른 사람이 깨거나 느슨하게 봐주는 등 예외 적용은 당연히 없었다.

가족이 함께 저녁을 먹는 것은 기본 중의 기본이었다. 대통령인 아버지가 일주일에 5일은 가족과 저녁 식사를 같이 하겠다고 약속했으니 두 딸에게도 예외는 없었다. 어린이 건강에 관심이 많았던 미셸은 자녀들도 건강한 음식을 먹도록 독려했다. 채소를 먹고 안 먹고는 본인 선택이지만, 채소를 먹지 않으면 디저트를 먹을 수 없다는 규칙도 세웠다.

방 청소는 각자의 몫이었다. 백악관을 청소하는 메이드들에게도 딸들의 방은 청소하지 말라고 부탁했다. 두 딸은 평일에는 숙제할 때를 제외하고는 컴퓨터를 쓸 수 없었다. 주말에도 정해진 시간에만 사용했다.

두 사람의 양육 방식이 〈뉴욕 타임스〉를 통해 알려지면서 미국 엄마들의 큰 관심을 받았다. 전자기기 사용을 엄격하게 제한한 부분은 자녀의 스크린 타임(Screen Time) 제한 규칙의 좋은 모델이 됐다는 평가를 받았다.

오바마 대통령은 한 인터뷰에서 "청소년은 또래의 영향을 많이 받기 때문에 전자기기 사용 절제를 가르치는 데 어려움이 있다. 가정과 학교에서 비슷한 가치관과 기준을 제시할 수 있어야 하며, 이것이 다르다면 학부모는 학교에 적극적인 협조를 구해야 한다"며 학교와 가정의 협력을 강조했다.

오바마 대통령은 미국뿐만 아니라 자신의 가정에도 아픈 과거를 끊고 새 역사를 만들어내는 데 거침이 없었다. 이는 변화를 두려워하지 않는 용기, 해낼 수 있다는 자신감 덕분이다.

엄마로서 삶, 더 나아가 가정의 변화를 꿈꾸고 있다면 "변화를 가져온 것은 제가 아니라 여러분입니다. 우리는 할 수 있고, 우리는 해냈습니다"라는 오바마 대통령의 고별 연설을 되새겨보기 바란다. 나부터 달라질 수 있고, 내가 바꿀 수 있다는 확신은 변화를 가능케 한다.

힐러리 클린턴이
딸을 가슴에 안았을 때

1980년 3월 밤바람이 여전히 차갑던 어느 날, 미국 남부 아칸소주의 주도(州都) 리틀록에 잠을 설치는 한 엄마가 있었다. 태어난 지 한 달도 되지 않은 갓난아이가 그날따라 잠들지 못하고 심하게 잠투정을 해댔다. 어르고 달래도 아기의 울음소리는 쉽게 잦아들지 않았다.

명문대를 졸업한 것도, 유능한 변호사인 것도 우는 아기 앞에선 아무 소용이 없었다.

"아가야, 네가 아기로 태어난 것이 처음이듯 엄마도 엄마가 처음이란다."

초보 엄마는 아기를 가슴에 꼭 껴안은 채 나지막이 속삭였다. 그리고 자신의 엄마가 했던 약속, 33년 전 자신이 태어났을 때 엄마가 했다는 그 약속을 떠올렸다.

"엄마는 네가 세상에서 많은 기회를 누릴 수 있도록, 네 앞에 모든 기회가 열릴 수 있도록 최선을 다 할 테야. 내 엄마, 네 할머니가 그랬던 것처럼."

우는 아이를 달래는 엄마의 이름은 힐러리, 품에서 우는 아기는 첼시 클린턴이었다.

그로부터 36년이 지난 2016년 7월 29일, 엄마 힐러리는 딸과의 약속을 지켰다. 어쩌면 힐러리의 엄마 도로시가 오랫동안 마음에 품었던 꿈이 이뤄진 것인지도 모른다. 힐러리 클린턴은 미국 역사상 최초의 여성 대통령 후보로 지명됐다.

수락 연설을 한 펜실베이니아주 필라델피아에 있는 웰스파고센터. 그날 밤, 엄마인 동시에 딸인 힐러리가 이 시대 여성들에게 남긴 메시지는 강력했다. 오래전 "내가 누린 것보다 더 많은 기회"를 약속했던 엄마 힐러리는 외동딸 첼시를 비롯한 미국의 모든 딸 그리고 아들들에게 자유와 평등, 정의와 기회가 있는 나라를 약속했다. 이날 인터넷에는 할머니, 어머니와 같이 연설을 듣다 눈물을 흘렸다는 이 시대 딸들의 댓글이 넘쳐났다.

여성들의 보이지 않는 한계를 의미하는 '유리 천장'. 그 바로 아래 섰던 힐러리 클린턴은 "유리 천장이 깨지면 하늘만 있을 것"이라고 자신감을 표했지만 결국 유리 천장을 깨는 데는 실패했다. 제45대 대통령 선거에서 도널드 트럼프에게 패한 것이다.

사실 힐러리 클린턴의 딸 첼시만 보면 '금수저' 그 자체다. 아버지와 어머니는 예일대 법대에서 만나 결혼했다. 아버지는 주지사를 거쳐 대통령이 됐고 어머니는 뉴욕주 출신 연방 상원의원에 국무장관까지 지냈다.

하지만 힐러리의 윗대로 올라가면 이야기는 조금 달라진다. 힐러리의 어머니 도로시는 시카고에서 불우한 어린 시절을 보냈다. 싸움이 잦았던 부모는 결국 이혼했고, 도로시는 캘리포니아에 있는 조부모 집에서 자라며 학대를 받았다. 학교조차 제대로 다니지 못했다. 14세부터는 하녀로 일하며 생계를 유지한 '흙수저'의 삶이었다.

다행히 도로시가 하녀로 일하던 집은 교육을 강조하는 집안이었다. 덕분에 도로시는 학교에 다니고 책도 읽을 수 있었다. 도로시는 고등학교를 졸업한 뒤 시카고로 돌아가 직물 공장에 취직했다. 그곳에서 남편을 만나 결혼하고, 당시의 많은 여성처럼 전업주부의 삶을 살았다.

도로시는 딸 힐러리가 자신과는 다른 삶을 살길 원했다. 미국 사회의 힘, 곧 자유와 평등 그리고 정의와 기회에 가능성을 걸었다. 딸에게 교육과 커리어의 중요성을 강조하며, 배움의 기쁨을 알도록 가르쳤다. 여성이라는 이유로 자신의 능력이나 열정에 한계를 느끼지 말라고 했다. 자기 자신의 삶을 살라고 거듭 강조했다.

힐러리는 뛰어난 학생이었다. 미국 최고의 명문 웨즐리 여자대학에 입학해 학생회장을 지내는 등 두각을 나타냈다. 이후 예일대 법대를 졸업하고, 아동 복지 분야에서 많은 업적을 남겼다. 엄마 도로시의 불우했던 어린 시절을 마음 아파하며, 자신의 엄마 같은 어린이가 생기지 않도록 제도를 개선하는 일에 앞장섰다. 미국 사회가 제도화해놓은 기회의 공평함 속에서 힐러리의 재능은 꽃을 피웠다.

물론 미국에도 특권층 1%의 삶이 있다. 시골 소도시에서 두각을 나타내던 힐러리는 웨즐리대에 입학했을 때 문화적 충격을 겪었다. 동부 명문가 출신으로 가득한 대학 캠퍼스에서 촌스러운 아웃사이더로 전락하고 말았다. 하지만 집념과 의지로 좌절감과 외로움을 이겨내고 더 나은 세상을 만드는 일에 몰두한 결과 세계적 여성 리더로 우뚝 설 수 있었다.

본격적인 정치인의 삶을 살면서 힐러리 클린턴에 대한 평가는 엇갈린다. 하지만 힐러리가 아동 복지 향상에 지대한 공헌을 했음은 부인할 수 없는 사실이다. 아울러 그 출발이 엄마의 딸로, 딸의 엄마로 더 나은 세상을 만들기 위한 노력이었음도 부인할 수 없다.

힐러리의 딸 첼시는 2017년 《그녀는 끈질겼다(She Persisted)》는 제목의 아동 도서를 펴냈다. '세상을 바꾼 13명의 미국 여성'이라는 부제를 단 이 책에는 여성의 한계를 넘어 자신의 꿈을 펼쳐나가라는 메시지가 담겨 있다. 첫 장은 이렇게 시작된다.

"때때로 여성으로 산다는 것은 쉽지 않다. 누군가 너는 안 된다고 할 것이며, 누군가 너는 조용히 하라고 할 것이며, 누군가 네 꿈은 이뤄지지 않는다고 할 것이다. 그 말을 듣지 말라. '안 돼'라는 말은 정답이 아니라고 생각했던 13명의 여성이 있다. 이들은 끈질기게 해냈다."

책에는 흑인 여성운동가 해리엇 터브먼(Harriet Tubman), 장애를 극복한 헬렌 켈러(Helen Keller), 인디언 출신으로 세계 최고의 발레리나에 오른 마리아 톨치프(Maria Tallchief), 히스패닉계 최초의 연방 대법관 소니아 소토마요르(Sonia Sotomayor), 미국 최초의 여성 우주비행사 샐리 라이드(Sally Ride), 불우한 어린 시절을 극복한 유명 진행자 오프라 윈프리(Oprah Winfrey) 등이 나온다. 모두 한계에 도전하고 희망을 일궈낸 여성들이다.

힐러리 클린턴은 대선 후보 수락 연설에서 "고난에 맞서는 희망, 불확실 속에서의 희망, 담대한 희망"을 외쳤다. 선거 운동 슬로건이었지만 힐러리 자신, 그리고 엄마인 도로시의 삶을 생각하며 들으면 그 울림이 더욱 크다. 고난에 맞서며 불확실성을 극복했던 담대한 엄마들은 오늘날 딸들에게 부당함에 저항하며 끈질기게 이뤄낼 것을 요구한다.

한국에는 "암탉이 울면 집안이 망한다"는 속담이 있다. 이 말대로라면 미국은 벌써 몇 번은 망했을 것 같다. 미국 엄마들은 부당함을 참지 못한다. 1920년 여성에겐 없던 참정권을 목소리 높여 얻어냈고, 1970~1980년대엔 여성 운동을 꽃피웠다. 잘못된 것은 바꿔야 하며, 바꿀 수 있다는 의식이 강하다.

이러한 사명감과 자신감은 할리우드 스타들이 엄마가 됐을 때 빛을 발한다. 사회적 의식이 강한 할리우드 스타들이 엄마로서 자신이 느끼는 사회적 부당함이나 필요를 외치며 모든 엄마를 대변하는 역할을 자처하고 있기 때문이다.

다소곳하고 순종적인 여성상을 이상적으로 여기고 결혼하면 브라운관 뒤로 사라지는 한국과 달리 할리우드의 여성 배우들은 '엄마'가 된 이후에도 자신의 커리어를 이어간다. 세상의 많은 엄마를 대신해 엄마들의 필요를 알리는 공익적인 일을 자처한다.

2017년 '세계 여성의 날'에는 유명 여배우 앤 해서웨이가 뉴욕에서 열린 UN 회의에서 발언자로 나서 여성 인권의 중요성을 강조했다. UN 친선대사로 활동 중인 앤 해서웨이는 연설회장에서 엄마가 된 후에 느낀 자신의 경험을 나눴다. 그리고 유급 육아 휴직과 보육 분담 문제 등을 거론했다.

미국은 연방법으로 유급 육아 휴직을 보장하고 있지 않다. 그 때문에 주마다, 회사마다 유급 육아 휴직에 관한 법이 모두 다르다. 일반적으로 '미국의 육아 휴직은 3개월'이라고 말하는 이유는 많은 주에서 출산할 경우 장애수당(Disability)을 신청해 급여의 일정 부분을 주 정부로부터 보조받을 수 있도록 하는데, 그 기간이 보통 90일이기 때문이다.

한국에서라면 부끄러운 일로 여겨 드러내지 않을 정신건강 문제도 수면 위로 끌어올려 대중의 인식을 바꾸는 데 기여한 스타도 있다. 산후 우울증이 대표적이다. 출산 후 무력감이 길어지면 우울증으로 발전하는데, 할리우드 스타들은 자신이 겪었던 어려움을 솔직하게 털어놓으며 가족과 친구들의 관심을 당부한다. 누구나 겪을 수 있는 일이기에 주변의 '초보 맘'에게 관심을 가져달라는 것이다.

인기 배우 브룩 실즈는 산후 우울증 경험을 책으로 펴냈다. 딸을 출산한 뒤 시간이 지날수록 무기력증이 심해지고 아기 울음소리에 심한 복통을 느낄 정도라고 고백했다. 브룩 실즈는 이런 우울증을 극복하는 데 친구와 가족의 도움이 컸다고 회상했다.

브룩 실즈의 이런 경험은 또 다른 스타를 산후 우울증에서 구해냈다. 인기 시트콤 〈프렌즈(Friends)〉의 주인공 커트니 콕스 역시 딸 코코가 6개월이 되기 전까지 불면증으로 고통을 겪었다. 자신의 심장 소리가 너무 크게 들려서 정신을 못 차릴 정도였다고 했다. 이때 손길을 내밀어준 사람이 브룩 실즈와 제니퍼 애니스턴이었다. 콕스는 자신의 경험담을 털어놓으며 주변에 지지 그룹(Support Group)을 만들어놓는 것이 출산 전에 꼭 해야 할 일 중 하나라고 말했다.

이 밖에 '구프(Goop)'라는 육아 블로그와 매거진을 운영하는 인기 스타 귀네스 펠트로는 아들 모세를 낳고 '좀비'처럼 살던 시간이 있었다고 고백했다. 그리고 영화배우 킴 카다시안은 산후 우울증을 해결하기 위해 태반 알약을 먹고 있다는 사실을 SNS에 올리기도 했다.

제시카 알바는 엄마가 된 후 불편했던 점을 개선하기 위해 본인이 직접 육아 관련 회사를 차렸다. 아기가 생기니 친환경 유아용품에 대한 관심이 많아졌는데, 믿고 살 만한 물건이 많지 않았다는 것. 당시 제시카 알바는 관련 법안 제정을 요청하는 등 엄마들의 마음을 대변하며 여론을 주도했다. 그리고 결국 화학 물질, 인공 향료 사용 최소화를 내건 친환경 유아용품 브랜드 '어니스트 컴퍼니(Honest Company)'를 창업하기에 이르렀다.

대규모 리콜 사태와 매각 소문 등 어니스트 컴퍼니를 둘러싼 부정적인 뉴스도 나오고 있지만 제시카 알바가 이 회사를 통해 이 시대 엄마들이 원하는 친환경 유아용품을 선보였고, 동시에 셀러브리티 경영자로 거듭나는 긍정적 효과를 얻은 것만은 사실이다.

안젤리나 졸리는 캄보디아, 베트남, 에티오피아에서 자녀를 입양하는 등 구호 활동에 적극적으로 나서고 있다. 브래드 피트와 이혼한 후에는 6명의 아이를 키우는 '싱글맘'의 어려움을 털어놓기도 했다.

스타들의 사생활은 어떻게 보느냐에 따라 논란이 있을 수 있다. 하지만 이들은 엄마가 된 후 더 큰 사명감으로 이 세상 엄마들을 대변하고 있다. 팬들이 자신에게 부여한 명성에 걸맞은 선한 영향력을 발휘해야 한다고 믿기 때문이다. 그들이 세상의 엄마들을 대신해 더욱더 큰 목소리를 내주길 바란다.

미국을 이끄는 힘,
유대인 교육법 10가지

세계 최대 부호 빌 게이츠, 페이스북 창업자 마크 저커버그, 구글 창업자 래리 페이지 그리고 세계적인 영화감독 스티븐 스필버그 등 이름만 들으면 아는 세계적 인물들에게 공통점이 있다. 이들은 모두 현재 미국에 살고 있는 유대계 미국인이다.

유대인이 세계 인구에서 차지하는 비율은 0.2%, 미국 내 유대계는 2%에 불과하다. 그러나 이들이 미국은 물론 세계에 미치는 영향력은 막대하다. 1950년 이후 미국인 노벨상 수상자 310여 명 가운데 100여 명이 유대인이며, 미국 금융을 움직이는 연방준비제도이사회 의장은 현재 제롬 파월 의장을 제외하면 1987년 이후 모두 유대인이 차지했다.

미국 대통령 중 유대계 출신은 없다. 하지만 정치·경제·사회·문화·교육에 이르기까지 모든 분야의 수장 자리에 유대인이 포진하고 있으니, 대통령 뒤에서 미국을 움직이는 건 유대인이라는 말이 나올 정도다.

19세기부터 20세기에 걸쳐 미국으로 건너온 유대인은 어떻게 미국을 움직이는 민족이 되었을까. 다양한 분석이 있지만 이들을 하나로 묶는 종교와 나라를 잃고 떠돌이 생활을 하는 동안 금융의 중요성을 깨달았다는 점, 그리고 교육열이 남달랐다는 점 등이 꼽힌다.

사실 교육열이라고 하면 한국 부모도 다른 어떤 민족 못지않게 뜨겁다. 버락 오바마 대통령은 재임 당시 수차례에 걸쳐 '한국 교육'을 본받아야 한다고 언급했다.

하지만 전문가들은 한국 엄마의 교육열과 유대인 엄마의 교육열은 같은 듯 다르다고 말한다.

내가 살고 있는 LA는 뉴욕과 더불어 미국 내에서 가장 많은 유대인이 거주한다. 그중에서도 행콕파크(Hancock Park)는 대대로 유대인이 모여 사는 지역이다. 중심에 유대교 회당인 시나고그(Synagogue)가 있으며 금요일 오후나 토요일에는 정장이나 원피스, 전통 의상을 말끔하게 차려입고 회당으로 가는 유대인을 쉽게 볼 수 있다.

이 행콕파크에 있는 공립학교인 '3가 초등학교(Third Street Elementary School)'에는 전체 학부모 중 유대계 미국인과 한인이 절반 이상을 차지한다. 한인 수지 오 박사가 이 학교를 지난 23년간 이끌어왔다. 오 박사는 2016년 교장직에서 은퇴했는데, 이후에도 한인인 대니얼 김 교장이 이 학교를 이끌고 있다.

최근 오 박사와 만나 유대인 학부모의 교육철학에 관해 깊은 이야기를 나눴다. 교육열이라면 세계 1~2위를 다투는 한국 엄마와 유대인 엄마, 과연 어떤 점이 다른 것일까. 오 박사는 유대인과 한인이 전체 학부모의 60%가량을 차지하는 학교에서 교장을 역임해 양쪽 학부모의 특성과 교육철학을 누구보다 정확히 알고 있는 교육 전문가다. 박사는 유대인 학부모의 특징을 크게 10가지로 요약했다.

1. 유대인 부모는 자녀의 개성과 재능을 살려준다. 남보다 공부를 더 잘하라기보다 남보다 개성을 더 나타내라고 말한다.

2. 유대인 부모는 테이블 토크(Table Talk)를 중시한다. 자녀가 자신의 생각을 말과 글로 똑똑하게 표현하는 기회를 제공한다. 함께하는 저녁 식사는 가족 간 유대감을 강화하고 아이들에게 자기표현 능력을 키운다.

3. 유대인 부모는 살아가는 데 필요한 기술(Skill)에 관심을 둔다. 자녀들에게 다양한 견해를 인정하고 받아들이는 기술, 갈등을 해소하고 문제를 해결하는 기술, 인간관계를 맺어가는 기술 등을 경험하고 배울 수 있도록 노력한다.

4. 유대인 부모는 자녀교육을 소신대로 펼친다. 남의 의견을 따르기보다 자신이 직접 조사·연구해서 의사 결정을 내린다.

5. 유대인 부모는 학교 운영에 창조적 아이디어와 해결책을 제공한다. 자기 자녀만 이익을 얻기보다 학교가 잘되면 그 혜택이 자기 자녀에게도 돌아온다고 생각한다. 학교 전체에 유익한 해결책을 찾기 위해 노력한다. 기부가 대표적인 예다.

6. 유대인 부모는 끝까지 해결해낸다. 문제점을 발견하거나 이슈가 있으면 시간이 흐른다고 잊어버리지 않고, 철두철미하게 노력해서 결국 원하는 결과를 얻어낸다.

7. 유대인 부모는 정보나 의사소통 과정을 모든 사람이 이해하도록 문서화하고 필요한 경우 공유한다. 덕분에 의사소통 경로가 투명하고 확실하다.

8. 유대인 부모는 독서의 중요성을 몸소 보여준다. 자녀의 롤 모델은 부모 자신이라고 여기기 때문에 스스로 독서 습관을 들이고 실천한다.

9. 유대인 부모는 배움은 평생 동안 해야 한다고 생각한다. 미국의 교육 제도가 계속 변하기 때문에 최근의 교육 이슈에 관심을 갖고 스스로 연구하며 배움을 이어간다.

10. 유대인 부모는 공부만 강요하지 않는다. 자유롭게 뛰어놀며 친구를 사귀는 것도 배움의 연장이라고 생각한다. 공부하라며 억지로 학습만을 강조하지 않는다.

수지 오 박사에 따르면 유대인 부모 중에도 아이를 보호하는 데만 급급한 과잉보호형, 무조건 반대만 하는 대립형, 자기 아이에게만 관심을 가져달라는 얌체형, 그리고 아이 일에 상관하지 않는 무관심형 등 다양한 유형이 있다.

그러나 이런 유형의 부모는 모든 나라, 모든 민족에 공통적으로 있다. 중요한 것은 그럼에도 불구하고 대다수의 부모가 어떤 생각을 가지고 어떻게 행동하느냐다.

오 박사가 언급한 유대인 부모의 특징은 내가 미국 엄마들을 보면서 느낀 것과 크게 다르지 않다. 그도 그럴 것이 19세기 중반부터 20세기 초까지 유럽의 유대인이 대거 미국으로 건너왔고, 이들은 지난 100여 년간 미국의 지도층 인사로 성공했다. 유대인의 정신과 전통이 미국 사회 곳곳에 영향을 미칠 수밖에 없다.

유대인이 가장 많이 거주하는 뉴욕과 LA에 있는 공립학교들은 유대교

주요 명절을 휴일로 보낸다. LA 통합교육구(LAUSD)의 경우, 유대교의 속죄일(Yom Kippur)과 설날(Rosh Hashanah)엔 모든 학생이 학교에 가지 않는다. 좀 더 이해하기 쉽게 설명하면 한국의 설날과 추석에 미국 공립학교가 휴교를 하는 셈이다. 미국 최대 도시 중 하나인 LA에서 유대인의 힘을 실감할 수 있는 대목이다.

유대인 엄마들은 물론 유대 문화가 녹아 있는 미국에서 자란 미국 엄마들은 자녀를 공부만 잘하기보다 다방면에서 다양한 경험이 있는 폭넓은 아이, 자신의 의사 표현을 분명하게 하는 냉철한 아이, 자기만큼 남도 위할 줄 아는 포용력 있는 아이로 자라도록 돕는다.

미국 엄마들에게 조금 다른 점이 있다면 아이들을 자신의 뜻대로 '키우기'보다는 자라도록 '돕는다'는 것이다. 방법이 무엇이든 유대인 엄마와 미국 엄마는 모두 이를 위해 계속 배우고, 자신만의 육아철학과 교육철학을 만들어간다.

그리고 더 나은 세상을 아이들에게 물려주고 싶다는 마음으로 자녀의 학교 일에 자원봉사나 기부 등을 통해 적극 참여한다.

내 아이만을 위해, 교사에게 잘 보이기 위해, 내 아이의 생활기록부를 위해서가 아니다. 내 아이가 속한 학교, 그리고 커뮤니티를 더 좋은 곳으로 만들기 위해서다.

여럿이 힘을 합하면 가능하다는 믿음이, 이들에겐 있다.

대통령의 아내이자 엄마였던
바버라 부시

1990년 5월, 미국 명문 웨즐리 여자대학에 학사모를 쓴 학생들이 모였다. 졸업 연설을 위해 한 여성이 강단에 올라서자 졸업생들은 숨을 죽인 채 그녀의 움직임 하나하나에 시선을 고정했다.

"저는 오늘 이 자리에 매우 흥분되는 마음으로 섰습니다."

말 많았던 그해 졸업식 연설은 그렇게 시작됐다. 우려와 달리 연설은 매끄럽게 흘러갔다. 여자대학의 졸업식답게 여성으로서 삶과 사랑, 성공, 가족, 인간관계의 중요성 등을 강조했다. 그리고 마침내 연설을 마쳤을 때 졸업식장은 함성과 박수로 가득 찼다.

그녀는 바로 당시 대통령이던 조지 H. W 부시의 아내 바버라 부시였다. '백악관의 안주인'으로 불리던 바버라 부시가 명문 웨즐리 여자대학의 졸업 연설자로 초청받았다는 사실이 알려지자 일부 학생들은 반대 성명을 발표했다. 바버라 부시의 삶은 여성 스스로, 자신의 힘과 능력으로, 성공하는 삶을 살아가야 한다는 웨즐리의 가르침에 반한다는 것이 이유였다. 그녀는 대통령의 아내일 뿐, 평생 남편의 성공에 기대어 산 여성일 뿐, 스스로 무언가를 이뤄 존경받을 여성은 아니라는 평가였다.

이러한 반대에도 불구하고 바버라 부시는 졸업 연설을 포기하지 않았다.

오히려 학생들을 설득했다. 반대하던 학생들은 어떻게 마음을 돌렸을까. 이 날 부시 여사의 연설이 그 답을 보여준다.

바버라 부시는 이날 연설에서 다양한 여성상을 강조했다. 시대의 변화에 따른 여성상의 변화에 주목해야 한다고 말했다. 50년 전에는 졸업 후 가장 먼저 결혼하는 동창이 부러움을 샀지만 지금은 가장 먼저 CEO가 되는 동창이 성공한 삶을 사는 것으로 여겨진다고 했다. 하지만 그녀는 졸업생들이 새로운 전설의 주인공이 되길 원한다고 말했다.

새 시대가 원하는 진정한 승자는 자신의 꿈을 가장 먼저 발견한 사람이며 다른 사람이 아닌 자기 자신의 꿈이 가장 중요하다고 거듭 강조했다. 그리고 "여러분 중 누군가는 내 뒤를 이을지도 모릅니다. 백악관에서 대통령의 배우자로 일할 것입니다"라고 말했다.

이 말은 또 다른 영부인의 탄생을 예고하는 듯했다. 일부 학생은 실망했을지도 모른다. 결국 여성으로서 최고의 삶을 영부인으로 표현하며, 우려했던 대로 남편의 삶에 기대어 사는 여성을 롤 모델로 제시했기 때문이다. 그러나 여기에 반전이 있었다.

"그 남성이 잘해내길 빕니다."

바버라 부시는 영부인만을 지칭한 게 아니었다. 이중적 의미로 여성 대통령의 탄생을 예고한 것이다. 이는 그녀 입장에선 지금의 위치가 최선이었으나 졸업생들은 다른 시대, 다른 가능성으로 살아가고 있으니 더 큰 꿈을 가지라는 격려였다.

이날의 연설은 지금까지 부시 여사가 했던 수많은 연설 중 단연 최고로 꼽힌다. 부시 여사는 반대하는 상대를 설득하고, 눈앞의 위기를 피하는 게 아니라 자신의 평가를 한 단계 끌어올리는 기회로 삼았다. 아울러 자칫 좁은 시야에 갇힐 수 있는 미래 여성 지도자들에게 새로운 패러다임과 가능성을 제시했다.

부시 여사는 당시 시대상이 지향하던 아내의 역할을 충실히 해내는 동시에 백악관의 안주인으로서 리더십을 발휘하며 더 나은 사회를 만들기 위해 최선의 노력을 기울였다. 남편 부시 대통령의 재임 기간 동안 문맹 퇴치와 에이즈 퇴치 등을 위해 애썼으며, 글을 읽는 능력이 세상에서 많은 것을 해낼 수 있는 힘을 준다는 믿음으로 '바버라 부시 재단'을 설립했다. 바버라 부시 재단은 지금까지 그 전통을 이어오며 문맹 퇴치를 위해 다양한 사회사업을 펼치고 있다.

바버라 부시는 엄마로서 역할도 성공적으로 해냈다. 뉴욕주 명문가에서 태어난 부시 여사는 제14대 대통령을 지낸 프랭클린 피어스 가문의 후손이다. 명문가 출신답게 대대로 내려오는 가족의 가치를 가장 중요한 교육 지침으로 삼았다.

"인생의 마지막에는 시험에서 더 좋은 점수를 받지 못한 것, 재판을 한 번 더 이기지 못한 것, 한 번 더 중요한 딜을 따내지 못한 것으로 후회하지 않는다. 아내나 남편, 자녀, 친구와 더 많은 시간을 보내지 못한 것만이 후회로 남을 것이다." 가족의 중요성을 강조한 부시 여사의 명언이다.

부시 여사는 성공을 가늠하는 척도를 인간관계에서 찾았다. 이러한 부시 여사의 교육철학 아래 성장한 4남 2녀는 미국 교육에서 중시하는 자립심·책임감과 더불어 배려와 경청의 리더십을 갖출 수 있었다.

장남인 조지 W. 부시는 아버지 뒤를 이어 제43대 미국 대통령 자리에 올랐으며, 셋째이자 차남인 젭 부시 역시 플로리다 주지사를 역임하고 지난 2016년 대선 당시 공화당 후보로 나서는 등 부시 가문은 미국 최고의 정치 가문으로 자리매김했다.

그리고 부시 여사가 강조한 가족 간 긴밀한 유대의 중요성은 대를 이어 전해지고 있다. 부시 여사의 손녀이자 조지 W. 부시의 쌍둥이 딸 중 한 명인 제나 부시는 어린 시절 행복했던 기억으로 어머니 무릎에 앉아 책을 읽던 것, 어머니의 손을 잡고 집에서 춤을 추던 것 등을 떠올렸다. "아이들을 안고 책을 읽는 것은 단순한 독서의 시간이 아니다. 가족 관계를 더욱 돈독하게 해주는 것"이라고 강조한 할머니 바버라 부시의 교육철학을 실천한 것이다.

제나 부시는 한 인터뷰에서 어머니 로라 부시가 인생의 지도를 펼쳐들고 무엇을 하라든지, 어떻게 살라고 강요한 적이 없다고 했다. 스스로 롤 모델이 되어 모범을 보여줬으며, 자신도 엄마로서 그런 삶을 살고 싶다고 밝혔다.

제나 부시가 자신의 두 딸에게 보낸 편지를 공개한 적이 있는데, 여기에 대통령을 지낸 아버지와 할아버지 그리고 영부인이던 어머니와 할머니가 강조한 자녀교육관이 그대로 나온다. 부시 가문의 가족은 함께 모여 휴가를 보내고, 스포츠 경기를 관람하고, 식사를 하고, 마당의 꽃을 정리하고, 책을 읽고, 춤을 추며 자녀들에게 이런 이야기를 해주었다고 한다.

"부모님은 항상 내가 현명하고 친절하며 예쁘다고 말씀하셨어. 지금으로 충분하다고. 때론 이걸 믿지 않을 때도 있었지. 그래도 딸들아, 엄마에겐 할아버지와 할머니가 계셨어. 두 분은 남한테 내가 어떻게 보이는가보다 진정으로 내가 누구인지가 더 중요하다고 말씀하셨어. 내 안에 사랑과 친절과 다른 사람을 향한 배려와 공감이 있다면, 그게 밝은 빛이 되어 어두운 세상을 비출 것이라고 말씀하셨지. O사이즈(미국 여성 의류 중 가장 작은 사이즈)의 날씬이가 되는 것보다 더 멋진 일이 아니니?"

칭찬과 격려로 자존감을 살려주는 한편, 더 나은 세상을 만드는 일에 일조할 수 있다는 자신감을 심어주는 말이다.

대통령으로서 아버지 부시와 아들 부시에 대한 정치적 평가는 엇갈릴 수 있다. 그러나 부시 가문은 대를 이어 전해지는 가족의 가치관을 통해 미국 최고의 정치 명문가로 자리를 확고히 하고 있다. 2018년 작고한 대통령의 아내이자, 대통령의 엄마인 고 바버라 부시가 남긴 위대한 유산이다.

4-7

1% 엘리트 교육은
보딩 스쿨과 아이비리그

평등과 기회를 강조하는 미국이지만 분명 특권층이 존재한다. 이들은 태어날 때부터 부유한 집안에서 자라 엘리트 교육을 받으며 탄탄대로를 걷는다. 실제로 대대로 부유한 집에서 태어난 자녀를 뜻하는 "은수저를 입에 물고 태어났다(born with a silver spoon in his mouth)"는 영어 표현이 있다. 요즘 한국에서 유행하는 수저 계급론의 효시라 할 수 있겠다.

미국의 엘리트 코스는 일반적으로 '보딩 스쿨(Boarding School: 사립 기숙

학교)'에서 '아이비리그'로 이어지는 길을 뜻한다. 한국에서 '톱 10 보딩'으로 부르는 동부의 명문 보딩 스쿨을 졸업하고, 역사와 전통을 자랑하는 아이비리그 8개 대학 중 한 곳으로 진학하는 코스다. 한국으로 따지면 특목고 출신이 대부분 스카이(SKY)로 진학하는 것과 비슷하다.

최근 교육 정보 분석 전문 기관 니치(Niche)가 2018년 최고의 보딩 스쿨 순위를 발표했는데, 필립스 아카데미 앤도버(Philips Academy Andover)가 필립스 엑서터 아카데미(Philips Exeter Academy)를 제치고 1위에 올랐다. 그러나 다른 조사에서는 필립스 엑서터 아카데미가 여전히 1위를 지키고 있다. 미국 최고의 보딩 스쿨 명성을 이 두 곳이 엎치락뒤치락하며 이어가고 있는 것이다.

그 뒤로는 뉴햄프셔에 있는 세인트폴즈 스쿨(St. Paul's School), 뉴저지에 있는 로렌스빌 스쿨(The Lawrenceville School)이 3위와 4위에 올랐다. 5위를 기록한 초우트 로즈메리 홀(Choate Rosemary Hall)은 한국에도 잘 알려진 명문이다. 미국 제35대 대통령인 존 F. 케네디를 비롯해 한국에서 베스트셀러 《7막 7장》을 펴낸 〈헤럴드〉 홍정욱 회장과 도널드 트럼프 대통령의 딸 이반카 트럼프가 졸업한 학교다.

이어 디어필드 아카데미(Deerfield Academy), 그로턴 스쿨(Groton School), 노블 앤드 그리노 스쿨(Noble and Greenough School), 그랜브룩 스쿨(Granbrook School), 호츠키스 스쿨(Hotchkiss School)이 6위부터 10위까지 랭크됐다.

매년 여러 조사 기관에서 발표하는 보딩 스쿨 리스트는 학교 발전 기금과 학생들의 성적, 대학 진학율, 교사 대 학생 비율 등 다양한 자료를 분석하기 때문에 톱 20위 안에서는 순위가 조금씩 다르다. 하지만 "어느 학교가 올해 1위에 올랐네", "어느 학교가 몇 단계 하락했네" 따위의 평가보다 중요한 것은 미국 지도자를 양성하는 이 학교들이 갖고 있는 정신이다.

한국에 "배워서 남 주냐"는 속담이 있다. 자신을 위해서 배움을 게을리하지 말라는 뜻의 반어법이다. 그런데 미국에서 이 얘길 하면 "예스"라는 답이 돌아올지도 모른다. 미국 최고 엘리트를 교육하는 명문 사립학교에서 공통적으로 강조하는 정신이 자기 자신이 아닌 남을 위하는 마음이기 때문이다. 미국 엘리트 교육의 바닥에 흐르는 정신은 바로 "배워서 남 준다"이다.

라이벌 명문인 필립스 앤도버와 필립스 엑서터는 '논 시비(Non Sibi)' 정신을 강조한다. "자기만을 위하지 않는다"는 뜻의 라틴어로, 학생들은 궁극적으로 삶의 목표가 자신이 아닌 다른 사람을 위함에 있음을 배운다. 1778년 앤도버를 설립한 새뮤얼 필립스 주니어와 3년 뒤 엑서터를 설립한 존 필립스는 조카와 삼촌 사이였다. 같은 집안에서 명문 사립학교를 설립해 라이벌 구도를 형성했으나 그 기초적인 정신은 같다.

필립스 앤도버는 부시 가문이 졸업한 학교로 유명하다. 아버지 부시 대통령과 아들 부시 대통령, 플로리다 주지사를 지낸 젭 부시가 모두 이곳 출신이다. 반면 엑서터는 페이스북 창시자 마크 저커버그, 역사학자로 퓰리처상을 받은 아서 슐레진저(Arthur Schlesinger), 노벨 화학상을 수상한 윌리엄 스타인(William Stein) 등 세계적인 학자와 지도자를 배출했다.

세인트폴즈 역시 타인을 존중하고 배려하는 교육을 강조한다. 학교 학생들이 암송하는 학교 기도(School Prayer)에는 "인생의 모든 기쁨에 있어 우리가 항상 친절해야 함을 잊지 않게 하소서. 우정 가운데서도 이기적이지 않게 하시고, 나보다 덜 행복한 사람을 배려하게 하시고, 타인의 짐을 기꺼이 나눠 지게 하소서"라는 이타적 정신이 담겨 있다.

넓은 캠퍼스에서 공부하고, 운동하고, 예술을 즐기며 고교 시절을 보낸 보딩 스쿨 엘리트들은 대부분 아이비리그 대학으로 진학한다. 아이비리그란 미국 북동부에 있는 8개 명문 사립대학을 일컫는 말로 본래 이들로 구성된 스포츠 리그를 칭하는 용어였다. 설립 연도 순서로 보면 하버드(1636), 예일(1701), 펜실베이니아(1740: 펜실베이니아 주립대와 구별하기 위해 '유펜'이라고도 부름), 프린스턴(1746), 컬럼비아(1754), 브라운(1764), 다트머스(1796), 코넬(1865)이 여기에 속한다.

아이비리그 대학은 역사와 전통을 바탕으로 우수한 학문 수준과 탁월한 교수진, 연구 실적, 시설과 장학 제도 등을 유지하면서 미국의 영향력 있는 리더들을 양성하고 있다. 2015년 자료에 따르면 아이비리그 졸업생 중 노벨상 수상자는 400명 이상이며, 이 중 150여 명이 하버드대에서 나왔다. 그리고 역대 대통령 중 15명이 아이비리그 출신이다.

이런 아이비리그가 찾고 있는 인재는 공부 잘하고 말 잘 듣는 모범생이 아니다. 이들은 '플러스 알파'가 있는 학생들을 선호한다. 때때로 학업 성적이 뛰어나 누구나 합격할 것으로 예상한 학생은 보기 좋게 떨어지고, 예상 밖의 학생이 아이비리그에 합격하는 이유가 여기에 있다.

두 딸을 하버드대에 입학시킨 '하버드 맘' 에스더 지는 최근 열린 한 학부모 세미나에서 이렇게 말했다. "아이들에게 한국계 미국인이자 기독교인이라는 정체성을 강조했는데, 하버드가 찾고 있던 인재상에 우리 아이들이 맞았던 것 같다. 미국 최고의 대학이 나보다 남을 먼저 위하는 봉사정신과

너와 나의 다름을 또 다른 것으로 재창조해내는 통합 능력을 중요하게 생각한다는 것을 실감했다." 미국의 엘리트 교육이 궁극적으로 추구하는 바가 무엇인지 생각해보게끔 하는 대목이다.

　미국 엘리트 교육의 바탕에는 이타주의가 깔려 있다. 독립적이지만 배려심 있는, 자기주장이 강하지만 친절한, 개인적이면서 사회에 속한 균형 잡힌 인재상을 요구한다. 배워서 남 주려는 사람들이 결국 오늘날 미국을, 세계를 이끌어가고 있는 셈이다.

4-8
기본, 자유, 인내가
노벨상으로 이어진다

매년 10월, 세계의 관심은 스웨덴 스톡홀름으로 쏠린다. 오늘날의 인류에게 가장 영예로운 상, 즉 노벨상 수상자를 발표하는 달이기 때문이다.

　노벨상은 스웨덴의 화학자 알프레드 노벨의 유산을 기금으로 1901년 제정했다. 매년 물리학, 화학, 생리·의학, 경제학, 문학, 평화 등 총 6개 부문에서 인류 문명의 발달에 공헌한 사람이나 단체를 선정해 수여한다.

　2018년 10월에도 생리·의학상을 시작으로 수상자 명단이 순차적으로 공개됐다. 아울러 예외 없이 미국 과학자들이 대거 수상자 명단에 이름을 올렸다. 2018년 물리학, 화학, 생리·의학 등 3개 분야에서 수상한 8명의 과학자 중 4명이 미국인 또는 미국 연구 기관 소속이었다. 경제학상 역시 미국인이 차지했다.

미국은 전 세계에서 가장 많은 노벨상 수상자를 배출했다. 1901년부터 2017년까지 935명의 노벨상 수상자 및·기관 중 271명이 미국인이었다. 2위는 영국인데, 85명으로 큰 차이가 난다. 여기서 말하는 미국인이란 미국에서 태어난 사람만 집계한 것이다. 다른 나라에서 태어나 미국으로 이민 온 수상자까지 합하면 370여 명이나 된다. 2016년 노벨상을 받은 6명의 미국인은 모두 다른 나라에서 태어난 이민자였다.

당시 미국 학계는 세계 최고의 학자들이 미국으로 건너와 자유롭게 연구한 결과 노벨상이라는 영예를 안은 것으로 분석했다. 미국의 이민 제도를 살펴보면 미국이 '세계적 두뇌'를 영입하는 데 얼마나 공을 들이는지 잘 알 수 있다. 예컨대 세계적으로 인정받는 학자나 유명인, 전문가는 일반인보다 쉽게 이민 비자를 신청할 수 있다.

그렇다면 매년 노벨상 수상자를 선정하는 스웨덴 왕립과학원은 미국이 노벨상 최다 수상국이 된 비결을 무엇이라고 생각할까. 한 중국인 기자가 2017년 노벨 수상자를 발표하는 기자회견장에서 같은 질문을 던졌다.

질문을 받은 스웨덴 왕립과학원의 고란 한손(Goran Hansson) 사무총장은 2가지를 언급했다. 바로 자금력과 학문적 자유다. 미국은 학자들이 자신이 원하는 연구를 할 수 있도록 재정적 지원과 신뢰를 아끼지 않는다는 것이었다.

이를 보도한 〈인사이드 사이언스(Inside Science)〉는 미국이 노벨상 최다 수상국이 된 이유를 3가지로 분석했다. 키워드는 기본(Basic), 자유(Freedom), 인내(Patience)이다. 미국은 20세기 중반부터 기초과학 분야에 막대한 투자를 했으며, 학자들의 학문적 자유를 보장했다. 그리고 마지막으로 이들의 연구 결과를 인내심을 갖고 기다렸다.

사실 이 3가지 키워드는 미국의 자녀 양육이나 교육에서 똑같이 중요하게 다루는 것이다.

미국에선 당장 눈앞에 보이는 결과보다 기본을 탄탄히 하는 교육에 힘쓴다. 미국 엄마들이나 유치원, 초등학교 모두 마찬가지다. 알파벳을 읽는 것보다 매직 워드를 익히는 것이 먼저고, 단순 암기보다 원리 이해가 먼저다.

딸아이의 초등학교 진학을 앞두고 어떤 학교가 좋을지 고민한 적이 있다. 미국인 친구는 초등학교에서 배워야 하는 것은 딱 2가지라고 했다. 인성 교육과 지적 호기심. 즉 초등학교에서는 어떤 사람이 되어야 하는지와 공부는 재미있는 것이라는 2가지만 알면 된다고 했다. 여기에 스스로 할 수 있는 능력을 갖도록 도와주면 중·고등학교에 가서 많은 것을 스스로 해낸다는 것이다. 결국 공부와 삶의 토대를 마련해주는 곳이 초등학교라는 설명이었다.

또한 미국 교육은 아이들이 자신을 자유롭게 표현하는 데 중점을 둔다. 미술이나 음악 학원에서 배우는 것을 보면 마음대로 그리고, 마음대로 춤추는 시간이 대부분이다. 정해진 규칙만 지킨다면 그 안에서 무엇을 어떻게 하든 "정말 잘했다", "정말 멋있다"는 칭찬이 이어진다. 마음껏 생각하고, 마음껏 표현하며 아이들은 독창성과 창의력을 키워간다.

이렇게 기본을 중시하며 자유롭고 즐겁게 배우는 교육이 이상적이긴 하지만 빨리빨리 성과를 보고 싶은 한국 엄마는 답답할 때가 많다. 뭔가 확연한 결과물이 나왔으면 좋겠는데 하루 종일 놀기만 하는 것 같아 늘 불안하다.

그럴 때마다 미국 엄마들은 아이가 노는 것 같아도 그 안에서 배우는 게 있다고 말한다. 심지어는 아무것도 배우지 않고 생각하지 않으면 어떠냐고 되묻는다. 꼭 무엇을 해야(Doing)만 하냐고, 그 자체를 즐기면 되지 않냐고 반문한다. 그리고 아이에게 자기 자신(Being)을 발견할 수 있는 자유를 허락하라고, 엄마는 인내심을 갖고 옆에서 지켜보면 된다고 조언한다. 노벨상을 만들어낸 미국 교육의 세 번째 키워드는 바로 인내심이다.

아이가 자유롭게 자신을 표현하고 사고할 수 있는 환경을 마련해줬다면 기다리자. 이런 환경이 벤처나 스타트업을 꽃피우고, 학계에서는 노벨상으로 결실을 맺는다.

아이들은 때가 되면 각자의 꽃을 피우고 열매를 맺을 것이다. 무슨 꽃을 피우고 무슨 열매를 맺든 그게 내 아이 자신이라면, 축하하고 기뻐할 수 있는 그런 엄마가 되고 싶다.

4-9
인형과 놀면서 역사를 배우는
아메리칸 걸

뉴욕에서 가장 번화한 거리로 꼽히는 5번가(5th Avenue)와 LA에서 가장 유명한 야외 쇼핑몰 그로브(The Grove)에 가면 공통적으로 볼 수 있는 인형 가게가 있다. 창문에 있는 빨간색 천막 덕분에 멀리서도 알아볼 수 있는 이곳은 아메리칸 걸 플레이스(American Girl Place). 번역하면 '미국 소녀 공간'이라는 다소 아리송한 이름인데, 연간 매출 규모가 무려 4억 달러(4500억 원)에 이르는 프리미엄 인형 가게다.

말이 인형 '가게'이지 상상 이상의 것들로 가득하다. 인형은 물론 그 인형에게 입히는 옷이나 각종 액세서리, 인형의 애완동물까지 판매한다. 인형과 아이가 옷을 똑같이 맞춰 입을 수 있도록 인형 옷과 같은 모양의 아이 옷도 판다.

인형을 위한 미용실이 있고, 인형과 함께 식사나 다과를 할 수 있는 레스토랑도 있다. 레스토랑에선 점심과 오후 티파티, 저녁 식사가 가능한데 인형도 한 명의 손님처럼 대한다. 테이블에 인형 자리를 만들어주고, 종업원이 인형에게도 서빙을 해준다. 미용실도 마찬가지다. 아이가 헤어스타일을 고르면, 인형을 미용실 의자에 앉히고 머리를 꾸며준다.

아이에겐 꿈의 공간이지만 부모에겐 두려움의 공간이다. 인형 하나에 100달러(12만 원)가 넘고, 인형 옷이나 액세서리까지 구입하면 평균 600달러(72만 원)가 훌쩍 넘는다. 그럼에도 미국 초등학생 사이에선 가장 인기 많은 매장 중 하나다. 한국 엄마들 사이에서는 '돈 먹는 하마'로 불리며 "아메리칸 걸의 존재를 모르게 해야 한다"는 말이 있을 정도다. 그러나 현실은 불가능하다. 초등학생쯤 되면 여자아이들은 아메리칸 걸 인형을 하나씩은 갖고 있다.

1986년 첫선을 보인 아메리칸 걸이 30년 넘게 명성을 이어온 이유 중하나는 인형마다 독특한 이야기를 담고 있어서다. 인형들에겐 각자의 이름이 있고, 이들은 미국 역사에서 중요한 한 시대를 살아가고 있다. 11개의 인형이 1764년부터 1974년까지 210년에 걸친 미국 역사 속 어딘가에 살고 있는데, 이들을 히스토리컬 캐릭터(Historical Character)라고 부른다.

히스토리컬 캐릭터 시리즈는 각각의 인형을 주인공으로 한 역사 소설책이 함께 나온다. 8세 정도의 아이들을 대상으로 쓴 이 책을 읽어보면 내용이 가볍지만은 않다. 각 시대가 직면했던 여러 가지 사회 문제를 다루고 있다. 아동 노동력 착취, 아동 학대, 빈곤, 인종 차별, 노예제도, 동물 학대 등의 이야기가 인형들이 살고 있는 시대상 곳곳에서 자연스럽게 흘러나온다.

가장 앞선 시대인 1764년을 살고 있는 카야는 '아메리칸 걸' 중 유일한 아메리칸 인디언이다. 미국이라는 나라가 아메리칸 인디언의 땅 위에 세워졌음을 인정하는 캐릭터이다. 카야는 용감하고 모험심 강한 여자아이로 그려진다. 조심성이 부족하고 즉흥적이지만 리더로 성장하고 싶은 꿈을 키워간다.

아메리칸 걸 중 첫 번째 흑인 주인공 애디 월커는 남북전쟁이 치열한 1864년에 살고 있다. 흑인 노예로서 엄마와 함께 노스캐롤라이나주에서 필라델피아주로 도망쳐 자유를 얻는다. 편견과 차별에 맞서며 뜨거운 가족애를 보여주는 씩씩한 캐릭터다.

100여 년 전의 뉴욕에는 사만다 파킹톤이 살고 있다. 다섯 살 때인 1904년에 고아가 된 파킹톤은 부유한 할머니 집에서 성장하며 가난한 친구들을 통해 사회 계층의 불평등, 아동 노동력 착취 문제를 고발한다. 1800년대 말부터 1904년 초까지 유럽과 미국을 뜨겁게 달궜던 여성 참정권 문제를 정면으로 다룬다.

1974년의 샌프란시스코에 살고 있는 줄리 알브라이트는 당시 여성 문제의 큰 화두였던 이혼과 페미니즘, 성 평등, 환경 운동, 장애자 인권 운동을 배경으로 자신의 이야기를 펼쳐간다. 끝부분에서는 미국 독립선언 200주년을 맞은 1976년의 미국 모습도 생생하게 그려낸다.

11명의 주인공은 하나같이 밝고 명랑하며 현실에 굴하지 않는 강한 소녀, 그리고 여성의 모습으로 나온다. 왕자님을 기다리고 있는 공주님은 아메리칸 걸들의 모습이 아니다. 이 씩씩한 주인공들을 한자리에서 만날 수 있는 곳이 바로 아메리칸 걸 플레이스다. 매장 2층에 가면 11명의 주인공들을 차례로 진열해 놨는데 역사 박물관을 연상케 한다. 순서대로 돌아보면 미국 역사에서 중요한 사건들이 한눈에 들어온다.

히스토리컬 캐릭터가 과거의 아메리칸 걸을 담고 있다면, 트룰리 미(Truly Me)와 컨템포러리 캐릭터(Contemporary Character) 라인에 있는 인형을 통해서는 오늘날의 미국을 살아가는 아메리칸 걸을 만날 수 있다.

트룰리 미는 1995년 아메리칸 걸 오브 투데이(American Girl of Today)라는 이름으로 선보인 현대판 아메리칸 걸과 맥을 같이한다. 몇 번의 라인 이름 변경을 거쳐 2015년부터 트룰리 미로 불리고 있다. 40여 종류가 있는데 인형 크기는 18인치(46센티미터)로 동일하지만 피부색과 눈 색깔, 헤어스타일은 모두 다르다. 자신과 닮은 인형을 찾아 자기만의 '미니 미(Mini Me)'를 꾸미는 것이 콘셉트이기 때문에 다양한 인형의 외모는 다양한 미국인의 모습을 대변한다.

굳이 인종을 나눈다면 백인, 흑인, 아시안, 히스패닉 등 다양한 인형이 있으며, 머리카락이 없는 모델도 있다. 선천적·후천적으로 탈모가 된 여자아이들을 고려해 만든 것이다. 항암 치료 등으로 탈모가 된 아이들은 '나와 같은 모습의 인형'이 존재한다는 것만으로도 위로를 받는다. 반대로 그렇지 않은 아이들은 머리카락이 없는 것도 피부색이나 눈 색깔이 다른 것처럼 여러 가지 다른 것 중 하나일 뿐이라고 배운다. 이처럼 다양성을 존중하는 문화에서 자란 아이들은 틀린(Wrong) 것과 다른(Different) 것을 당연하게 구분한다.

컨템포러리 캐릭터는 현대판 아메리칸 걸의 모습을 담고 있는데, 재능 있고 꿈 많은 소녀 인형들이다. 테니 그랜트는 음악적 재능이 뛰어난 소녀며, 지 양은 영화 제작자로 자신의 꿈을 키워가는 소녀다. 특히 지 양은 아메리칸 걸 역사상 처음으로 등장한 한국계이자 두 번째 아시아계 인형이다.

지난 2014년 역사적 주인공 인형 중 하나이던 중국계 캐릭터 아이비 링의 판매를 중단하자 아시안 커뮤니티에서 크게 항의했다. 미국 역사에서 아시안 아메리칸의 존재를 지운 것과 마찬가지라고 여겼기 때문이다. 당시 아메리칸 걸 측은 아시아계 인형의 재등장을 약속했었다. 그리고 두 번째로 등장한 아시아계 인형이 바로 한국계 지 양이다. 일각에서는 한인들의 위상이 미국 내에서 높아지고 있는 것을 반증한 결과로 평가한다.

이렇듯 아메리칸 걸은 단순한 인형이 아니다. 미국의 문화를 대변하며, 미국 사회가 기대하는 '아메리칸 걸'의 모습을 현대판 캐릭터에 고스란히 담아내고 있다. 물론 백인의 시각에서 만든, 백인을 위한 인형이라는 논란도 있지만, 끊임없이 제기되는 이런 논란은 새로운 것을 창조하는 힘으로 이어진다. 아이비 링의 절판이 아시아계 여성들의 분노를 사고, 인종 차별과 역사 평가라는 거대 담론으로 이어져 결국 지 양이라는 새로운 캐릭터를 만들어낸 사례가 이를 잘 보여준다.

미국 아이들은 아메리칸 걸을 통해 역사를 배우고, 사회 문제를 고민한다. 내 인형이 살고 있는 시대에는 어떤 어려움이 있었고, 그걸 어떻게 해결했는지, 현시대에도 그 고통이 여전히 존재하는지, 더 나아가 나는 무엇을 할 수 있는지 생각해보는 계기를 마련해준다.

인형 놀이를 하면서도 철학적 고민을 하는 미국 아이들, 그렇게 자란 지금의 미국 엄마들. 미국 엄마들의 힘이 하루아침에 이뤄진 것이 아님은 분명하다.

4-10
미국 박물관과 미술관의
특별한 문화 행사

미국 아이들은 예술을 사랑하면서 자란다. 어느 지역에 살든 주변에 문화 공간이 많아 미술, 음악, 공연 등을 쉽게 접할 수 있다. 더욱이 LA나 뉴욕, 시카고 같은 대도시에 산다면 박물관이나 미술관, 심지어 동물원과 놀이공원도 시간이 없어 못 갈 뿐 돈이 없어서 못 가는 일은 없다.

미국의 박물관은 약 3만 5000여 곳. 이 중에서 꼭 가봐야 할 주요 박물관과 미술관은 뉴욕과 LA에 몰려 있다. 대부분의 박물관은 가족이 함께 다양한 활동을 즐길 수 있도록 각종 프로그램을 제공한다.

뉴욕에 있는 메트로폴리탄뮤지엄(MET)이나 LA에 있는 LA카운티뮤지엄(LACMA)은 세계적 미술 박물관이라는 명성에 걸맞은 아트 클래스를 운영하고 있다. 강의 종류가 다양해 두 살 정도의 토들러부터 성인까지 연령대에 맞춰 들을 수 있다. 나이가 어린 아이들을 위한 프로그램은 대부분 부모와 함께 예술 자체를 즐기는 방식으로 진행한다.

메트로폴리탄뮤지엄의 어린이 클래스는 2~12세까지 들을 수 있으며 자신의 상상력을 마음껏 뽐내는 프로그램이다. 3~6세 자녀가 있는 가족을 위한 미술과 음악 교실에서는 다양한 이야기를 그림 또는 노래로 표현하면서 어린이들만이 갖고 있는 상상력을 마음껏 발휘할 수 있다.

메트로폴리탄뮤지엄의 다양한 프로그램 중에서도 눈에 띄는 것은 바로 드롭-인 드로잉(Drop-In Drawing). 연령에 상관없이 누구나 참석할 수 있다. 참석자들은 메트로폴리탄뮤지엄에 있는 예술 작품을 감상하면서 자신이 받은 영감대로 자유롭게 그림을 그린다. 무엇을 어떻게 하라는 지시나 틀도 없고 맘껏 자신만의 예술적 감성을 표현하면 된다.

LA카운티뮤지엄 역시 스토리 타임이나 다양한 아트 클래스를 제공하며, 특별히 여름 방학에 열리는 연령별 아트 클래스는 조기 마감되는 프로그램으로 유명하다. 수강료를 내야 하는데, 저소득층 자녀를 위해 장학금을 지급하기도 한다.

LA카운티뮤지엄 외에도 많은 박물관과 미술관, 사이언스 센터 등이 여름 방학 특별 프로그램을 운영하며, 대부분 장학금 제도를 운영한다. 아이들이 경제적 이유로 기회를 누리지 못하고 자신의 꿈을 키워가지 못하는 일을 최소화하기 위한 어른들의 작은 노력이다. 지역 정부 차원에서 무료 박물관의 날을 정해 입장료 없이 박물관에 갈 수 있는 혜택을 주기도 한다.

박물관과 미술관에서 예술적 감각을 키운다면 동물원에서는 자연을 만난다. 동물원은 자연에 있는 동물을 인간의 필요에 의해 인위적으로 가둬놓는다는 이유로 비판을 받기도 하지만 LA에서 2시간 정도 걸리는 샌디에이고 동물원에 가보면 생각이 좀 달라질 수 있다. 넓은 대자연 속에서 동물들이 자기 영역을 지키며 살고 있다. 동물원이 워낙 광대해 그 안에 있다 보면 인간도 자연의 한 부분에 지나지 않는다는 것을 느낄 정도다.

자연 친화적인 동물원으로 유명한 이곳에 있는 슬리프오버(Sleepover) 프로그램은 특별하다. 슬리프오버는 아이들이 친구 집에서 하룻밤을 자면서 시간을 보내는 것을 말하는데, 이를 동물원에서 할 수 있도록 만들었다. 여름 방학 때는 동물과 자연에 대해 배우고 잠도 자는 1박 2일 캠프로 진행한다.

가족이나 어른끼리 하는 슬리프오버 프로그램을 로어 앤드 스노어(Roar & Snore)라고 한다. 한국어로 굳이 해석하자면 '으르렁 드르렁' 프로그램쯤 되는데, 온 가족이 함께 사파리 앞에 있는 텐트에서 하룻밤을 머물 수 있다. 아침에 일어나면 눈앞에 펼쳐진 초원에서 기린이 한가로이 풀을 뜯는 모습도 볼 수 있다.

지금까지 소개한 몇몇 프로그램은 미국에 있는 박물관과 미술관, 사이언스 센터, 동물원 등에서 운영하는 수많은 어린이 및 가족 프로그램 중 지극히 일부다. 대부분은 가족 프로그램을 진행하며, 비용 또한 저렴하다.

LA카운티뮤지엄은 아이들과 청소년에게 넥스젠(NexGen) 멤버십을 만들어주며, 이 멤버십을 갖고 있는 어린이를 동반한 어른 1명까지 무료입장 혜택을 준다. 넥스젠을 설명한 문구 중엔 "LA카운티뮤지엄은 아이들 삶의 일부가 되고자 한다"는 표현이 있다. 아이를 키우는 것은 부모만의 일이 아니기에 사회가 함께 관심을 갖고 적극적으로 지원하고 있다.

5부

한국 엄마가 미국에서
아이를 키운다는 것

The Power of
American Mother

공립, 사립, 홈 스쿨까지
다양한 미국 교육

미국에서는 아이를 초등학교에 보내려면 보통 1년 전부터 준비를 한다. 지역에 따라 차이가 있지만 부모가 선택할 수 있는 학교는 여러 곳이다. 학부모는 1년 정도 시간을 두고 각 학교를 방문해 수업 분위기를 살펴보고, 교장이나 교사들과 면담하면서 자신의 교육관과 맞는 곳을 찾는다.

미국 공립학교는 연방 정부의 교육 제도 안에 속해 있지만 학교마다, 그리고 교육구마다 상당히 독립적이다. 주 정부, 그리고 지역 정부가 각자의 권한과 예산을 사용할 수 있어서다. 미국에서는 거주 지역이 다르고 교육구가 다르면 교과서나 학사 일정도 다른 경우가 대부분이다.

아이들이 처음 공립학교에 진학하는 시기도 지역마다, 교육구마다 다르다. 뉴욕시를 비롯해 플로리다, 조지아, 오클라호마, 웨스트버지니아에는 4세 아동을 대상으로 프리킨더가튼(Pre-Kindergarten) 교육을 무상으로 제공하고 있다. 현재 뉴욕시는 일부 학군에서 3세 아동을 위한 무상 교육을 실시하고 있으며, 2021년까지 이를 전 지역으로 확대할 예정이다.

반면 LA를 비롯한 많은 지역에서는 만 5세에 입학할 수 있는 킨더가튼부터 공립 교육이다. 5학년까지 6년이 초등학교 과정이고, 6학년부터 8학년까지 3년이 중학교, 9학년부터 12학년까지 4년이 고등학교 과정이다. 지역에 따라 6학년까지 초등학교, 중학교는 7학년부터 8학년까지 2년 과정인 곳도 있다.

따라서 미국에서 학교를 보내려면 '엄마의 정보력'이 절대적으로 중요하다. 또 엄마가 아이에 대해 잘 알고 있어야 한다. 다양한 학교 중에서 아이한테 가장 적합한 학교를 찾아줘야 하기 때문이다.

미국 엄마들은 흔히 "가장 좋은 학교(Best School)는 공부를 잘하는 곳이 아니라 내 아이와 잘 맞는 학교(Right School)"라고 말한다. 옆집 아이에겐 A학교가 가장 좋지만 우리 아이에겐 B학교가 가장 좋을 수 있다는 이야기다. 그래서 같은 동네에 산다고 아이들이 모두 다 같은 학교를 다니진 않는다. 대도시일수록 더욱 그렇다. 교육구가 크기 때문에 아이들에게 다양한 교육의 기회를 제공한다. 공립 교육 안에서도 다양한 선택이 가능하다.

예를 들어 우리 집 같은 경우는 딸이 초등학교에 입학할 때 선택할 수 있는 학교의 종류가 크게 7가지였다. 내가 사는 LA는 LA 통합교육구(LAUSD)에 속하는데, 미국에서 뉴욕에 이어 두 번째로 큰 교육구다.

가장 우선은 사립학교와 공립학교 중에서 선택할 수 있다. 사립학교도 종류가 다양하기 때문에 학비는 천차만별이다.

둘 중 공립학교로 진학하기로 했다면 거주지 주소에 따라 갈 수 있는 홈 스쿨(Home School)과 공립학교이지만 독립성을 보장받는 차터 스쿨(Charter School), 분야별로 특화된 매그닛 프로그램을 제공하는 매그닛 스쿨(Magnet School) 중에서 고려해볼 수 있다.

차터 스쿨이나 매그닛 스쿨은 거주 지역에 상관없이 누구나 지원할 수 있다. 다르게 말해 자신이 살고 있는 동네의 홈 스쿨이 마음에 들지 않으면 차터 스쿨이나 매그닛 스쿨이 대안이 될 수 있다. 그 때문에 인기 좋은 차터 스쿨과 매그닛 스쿨은 경쟁률이 치열하고, 매 학년 추첨을 통해 학생을 선발한다. LAUSD의 매그닛 프로그램은 예술·과학·비즈니스·영재 프로그램 등 8개 분야를 290여 개 학교에서 진행하고 있으며, 학년에 따라 프로그램의 수도 여러 개이기 때문에 부모가 자녀의 관심이나 재능에 맞게 선택해 지원하는 지혜가 필요하다. 추첨제이므로 운이 따라야 하지만 일단 지원 기회는 공평하게 주어진다.

그리고 LAUSD에서는 부모가 직업을 가지고 있으면 그 주소지가 있는 곳의 홈 스쿨에도 지원할 수 있다. 자신의 홈 스쿨에서 제공하지 않는 교과 과정을 타 학교에서 제공할 경우 그 학교에도 지원할 기회가 있다.

각 학교는 오픈 하우스(Open House)나 예비 지원자를 위한 설명회 등으로 학교를 개방한다. 이 행사가 열리는 시기는 학교마다 다르기 때문에 미리 날짜를 확인해야 한다.

LAUSD의 경우에는 매년 10~11월에 다음 학년도 매그닛 스쿨 지원이 가능하고, 사립학교의 다음 학년도 원서 마감은 12월에서 이듬해 1월이다. 차터 스쿨 지원 마감은 2~3월경이다. 3~4월경이면 매그닛 스쿨과 차터 스쿨 합격자 발표가 나면서 서서히 8~9월에 진학할 학교의 윤곽이 드러난다. 5~6월경에 학교를 알아보기 시작하면 홈 스쿨밖에 갈 곳이 없는 경우도 있다.

그리고 어떤 엄마들에겐 홈 스쿨링이 대안이 되기도 한다. 홈 스쿨링은 부모가 집을 자신의 아이를 위한 사립학교처럼 만들어 교육하는 것이다. 최근에는 지역의 차터 스쿨과 연계해 하이브리드형으로 진행하는 학부모도 늘어나고 있다.

캘리포니아의 경우 지난 2000년 11만 5000여 명이던 홈 스쿨링 학생 수가 2015년에는 18만 4000여 명으로 증가했다. 종교·사회·가치관의 문제로, 혹은 예체능 전공 학생의 경우 일반 학교의 교과 과정을 따라가기 힘들어 홈 스쿨링을 선택하기도 한다. 홈 스쿨링을 한다 해도 많은 엄마들은 지역 학교나 박물관, 미술관 등과 연계해 다양한 기회를 아이들에게 제공한다. 국립가정교육연구소(National Home Education Research Institute, NHERI) 같은 관련 기관의 지원 프로그램도 있다.

이렇게 다양한 학교가 있다 보니 '미국 학교는 이렇다'고 한마디로 정의하기 어렵다. 백 투 스쿨(Back to School), 다시 말해 개학 이후 '아이들의 학교 적응 도와주기'를 주제로 라디오 출연을 한 적이 있다. 사회자가 농담으로 "아이가 처음 킨더가튼에 갔는데 엄마와 떨어지기 싫어한다고 엄마가 교실에 있을 수는 없겠죠?"라고 물었다. 사회자는 당연히 "네, 그건 안 되죠"라는 대답을 기대했을 테지만, 나는 그렇게 대답할 수 없었다. 실제로 그런 학교가 있기 때문이다.

캘리포니아의 패서디나에 있는 사립학교 '세코야 스쿨(Sequoyah School)'에서는 가능할 수도 있다. 이 학교는 진보적인 교육(Progressive Education)으로 유명하다. 1919년 개혁적인 교사들을 중심으로 시작된 진보주의적 교육은 전통 교육이 지향하는 형식주의에 반대하며 생겨났다. 어린이의 자유와 경험, 생활, 창의성 등을 존중하는 교육 방식이다. 전 학년이 1년에 한 번씩 사막으로 캠핑을 가서 텐트도 없이 노숙하는 프로그램이 학부모 사이에서 큰 호응을 얻고 있다. 내 가까운 친구 클라라의 아들이 이 학교에 다니는데,

그 친구 표현에 의하면 "날마다 산으로 들로 다니며 열심히 논다"고 한다.

클라라는 새 학기가 시작되고 얼마 지나지 않았을 때 매일 교실 뒤쪽에 어떤 엄마가 갓난아이를 데리고 앉아 있는 모습을 봤다. 이유를 물었더니 첫째가 분리 불안이 심하고 매사에 적응이 느려서 고민했는데, 담임선생님이 아이가 적응할 때까지 엄마가 교실 뒤에 앉아 있어도 된다고 했다는 것이다. 보통은 상상하기 어렵지만 아이를 존중한다는 의미에서 미국에서는 학교에 따라 가능한 일이다. 이런 특별한 필요가 있는 부모들은 자신과 같은 교육관을 가진 학교를 찾아 아이들을 진학시킨다.

그래서 이 학교는 할리우드 스타들에게도 인기가 좋은 편이다. 자유로운 교육, 학생 개개인의 눈높이에 맞는 교육을 추구하기 때문에 부모의 영화 촬영 현장에 한 달 동안 따라 갔다 오더라도 결석이 아닐 수 있다. 그에 합당한 리포트를 내면 현장 학습 기간으로 인정한다.

미국은 땅도 넓고, 학교도 많다. 수많은 선택의 자유가 있기에 개개인의 특성을 존중하고 이를 장점으로 키워주는 맞춤식 교육이 가능하다. 그래서 한국 엄마들이 "이 학교는 성적이 어떠냐?"를 물을 때 미국 엄마들은 "이 학교의 교육관은 무엇이냐?"를 묻는다. 이처럼 미국 엄마와 한국 엄마는 어떤 면에서 아이를 학교에 보내는 이유부터 다르다.

미국 엄마들은 모든 아이가 특별하다고 믿는다. 그래서 자신의 특별한 아이에게 가장 잘 맞는 학교를 찾으려 노력한다. 아이의 특별함이 빛을 발하도록 도와주는 것, 그 빛을 세상을 밝히는 데 쓰도록 도와주는 것이 부모의 역할이라고 생각한다.

아이가 아픈 곳을 말하는
미국 소아과

미국에선 아이를 '어린 아이'가 아닌 '작은 어른'으로 대한다. 이를 가장 쉽게 느낄 수 있는 곳이 소아과 병원이다.

미국에서 소아과를 가려면 사전에 예약을 해야 한다. 정기 검진 같은 경우는 길게는 3개월, 최소 1개월 이전에 예약 날짜를 잡는다. 급한 경우에도 일단 병원에 전화를 걸어 당일 진료가 가능한지 물어보는 것이 좋다.

아이가 눈이 빨갛게 충혈되고 간지러움을 호소한 적이 있다. 소아과에 연락했더니 마침 예약을 취소한 환자가 있어 진료가 가능하다고 했다.

한국은 소아과에 가면 의사의 방에 환자가 들어가 진료를 받지만 미국은 다르다. 보통 진료실이 2개 이상인데, 환자가 들어가서 기다리고 있으면 의사가 들어온다. 환자 차트는 진료실 문에 붙은 상자에 있다. 의사는 환자를 진료하기 전에 잠시 차트를 살펴본 뒤 진료실로 들어온다.

우리는 LA에 있는 이웃케어클리닉(Kheir Clinic)을 다니는데, 딸아이가 아팠던 날도 주치의인 닥터 에릭은 "안녕, 그레이스. 오랜만이구나" 하고 인사를 하며 진료실로 들어왔다. 미국 소아과 의사들은 항상 아이 이름을 큰 소리로 부르며 친근함을 표현한다.

그러고는 보호자인 내가 아닌 아이와 대화를 시작했다. 아이의 의자 앞으로 가서 무릎을 굽히고 눈높이를 맞췄다. 닥터 에릭이 "잘 지냈니?"라고 안부를 묻자 아이는 "네, 잘 지냈어요"라고 답했다. 그러자 에릭 선생님은 갑자기 벌떡 일어나더니 나가는 척을 하며 "어, 그래? 그럼 오늘 너를 볼 필요가 없겠네?"라고 말했다.

아이는 처음엔 어리둥절해하다 이내 "눈이 아파요. 빨갛게 됐어요"라고 아픈 곳을 설명하기 시작했다. 에릭 선생님은 고개를 끄덕이며 아이 앞으로 다가와 "그럼 한 번 볼까?" 하고 진료를 시작했다.

나는 아이가 자기의 상태를 스스로 설명할 수 있다는 사실에 놀랐고, 아이가 설명할 수 있을 거라고 생각한 닥터 에릭의 모습에도 놀랐다. 이때 아이는 만 5세였다.

이후에도 에릭 선생님은 아이를 어른 환자와 똑같이 대했다. 오히려 더 예의를 갖추는 것처럼 보였다. 무엇을 할 것인지 설명하고, 허락을 구하고, 질문했다. 진료를 위해 아이를 진료용 침대로 옮길 때도 이렇게 물었다.

"이제 여기 침대에 앉을 거야. 내가 너를 안아서 앉혀줘도 될까?"

청진기를 아이 몸에 댈 때는 살짝 입김을 불어 청진기의 차가운 부분을 따뜻하게 만들어줬다.

이날 나는 몇 마디 하지 않았다. 환자는 내가 아니라 아이니 당연하기도 했다.

아이는 병원에 갔다 오더니 자기가 직접 의사한테 어디가 아픈지 설명했다며 매우 뿌듯해했다. 의사 선생님이 약을 잘 챙겨 먹으라고 했다면서 약 먹을 시간이 언제인지 몇 번씩 물었다. 스스로를 자랑스러워하는 모습이었다. 아파서 간 병원에서 자신감을 얻어 오다니, 의사의 태도가 아이에게 미친 영향은 상당했다.

레스토랑에서도 비슷하다. 한국 식당에 가면 아이를 위한 메뉴가 따로 없다. 어른들이 먹을 음식을 주문하고, 거기서 아이 몫의 음식을 덜어주곤 한다. 하지만 미국 레스토랑에 가면 아이도 한 명의 손님으로 대우받는다. 종업원은 아이에게 키즈밀(Kids Meal)이 적힌 메뉴판을 따로 준다. 미국 아이들은 말을 할 수 있을 때쯤이면 자기가 먹고 싶은 음식도 스스로 주문한다.

아이는 언제 자립심을 얻을까. 이는 아이마다, 상황마다 다르겠지만 미국에서는 이를 위해 사회 구성원 모두가 곳곳에서 함께 노력한다. 어른은 아이에게 질문한다. 아이 스스로 설명하고 표현할 기회를 준다. 아이를 어른에게 속한 존재가 아니라 한 인격체로 대한다. 아이는 그 안에서 자신감을 얻으며 자란다.

미국 아이들이 어디서나 당당하게 자신을 표현하는 이유는 어려서부터 그런 환경과 기회가 주어졌기 때문일지도 모른다.

5-3
소방관과 경찰관이 해주는
안전 교육

미국에선 소방관이나 경찰관과 가깝게 지낼 수 있다. 유치원으로 소방관이나 경찰관이 소방차와 경찰차를 몰고 오는가 하면 이들을 만날 수 있는 각종 커뮤니티 행사도 열린다.

얼마 전엔 한 미국 엄마가 자신의 딸 생일 파티에 소방관들이 나타난 동영상을 유튜브에 올려 화제가 됐다. 딸이 동네 소방관들에게 생일 파티 초대장을 보냈는데, 정말로 생일날 소방차를 몰고 생일 파티 장소에 나타난 것이다. 깜짝 놀란 아이 엄마는 계속 "오 마이 갓"을 외치며 그곳에 어떻게 왔냐고 물었다. 소방관들의 대답은 간단했다. "당신 딸이 우리를 초대했어요."

소방관을 초대한 아이의 대답도 간단했다. "어떻게 하면 소방관들이 오냐고 했더니 엄마가 초대장을 보내면 된다고 했잖아요."

모든 동네 소방관이 초대장을 받는다고 생일 파티에 출동하진 않을 것이다. 하지만 그런 꿈같은 일이 미국에서는 가능한 것 같다.

뉴저지주 프린스턴에 살 때는 매년 크리스마스 시즌마다 산타클로스가 소방차를 타고 출동했다. 까맣게 어둠이 내려앉은 시간, 멀리서 소방차 사이렌 소리가 요란스럽게 들리면 엄마들은 아이들 손을 잡고 동네 앞길로 뛰어나갔다. 그러면 이내 반짝거리는 크리스마스 장식을 한 소방차가 나타나고, 산타 할아버지는 "메리 크리스마스" 하며 아이들과 사진을 찍고 사탕을 나눠줬다.

딸아이 유치원에도 경찰차가 출동한 적이 있다. LA경찰국(LAPD) 올림픽 경찰서 소속 경관 2명이 아이 유치원에 와서 경찰이 하는 일을 소개하고, 경찰차를 태워줬다.

차베스 경관은 경찰 배지를 보여주며 "이 배지가 있어야 경찰이에요. 경찰은 사람들을 보호하고 돕는 일을 해요"라고 설명했다. 한국에선 "말 안 들으면 경찰 아저씨가 잡아간다"는 이야기를 많이 들었는데, 미국 경찰은 달랐다. 나를 잡아간다는 경찰은 무섭지만, 나를 지켜주는 경찰은 든든한 법이다. 미국 아이들이 경찰이나 소방관을 자랑스러워하고 친근하게 느끼는 이유다.

경관들은 LAPD에서 제작한 《LAPD 컬러링 북(LAPD Coloring Book)》을 나눠주고 아이들에게 간단한 안전 교육을 실시했다. 어린 자녀가 있는 한국 엄마들에게도 도움이 될 것 같아 이 컬러링 북에 나오는 주요 내용 소개한다.

1. 친구가 괴롭히면 믿을 만한 어른한테 말하세요.

3~4세 아이들은 한참 친구와 놀다 "쟤가 나를 괴롭혀요"라는 말을 자주 한다. 차베스 경관은 아이들이 이해하기 쉬운 영어로 또박또박 설명했다. "친구가 때린다고 같이 때리면 안 돼요. 친구를 밀면 안 돼요. 친구한테 나쁘게 행동하면 안 돼요. 처음엔 'No'라고 말로 하세요. 친구가 계속 그렇게 행동하면 어른들한테 말하세요."

2. 어딜 가기 전엔 항상 부모님 허락을 받으세요.

미국에선 아이들이 어떤 일을 할 때 부모의 허락을 중요하게 여긴다. 미국 엄마들은 어릴 때부터 어디를 가거나 새로운 무엇을 할 때, 꼭 어른들에게 허락을 받으라고 가르친다.

3. 낯선 사람이 도와달라고 하면 'No'라고 말하세요.

미국 엄마들은 "어른은 아이에게 도움을 청하지 않는다"고 철저히 교육시킨다. 학교에서도 평소 낯선 어른이 도와달라고 하면 주변에 있는 어른이나 선생님, 부모님께 말하라고 가르친다.

실제로 이를 실험한 TV 프로그램이 기억에 남는다. 한국과 미국 아이들을 대상으로 낯선 어른이 도움을 청했을 때 어떻게 반응하는지 촬영한 프로그램이었다. 미국 아이들은 주변에 있는 다른 어른에게 도움을 청한 반면, 한국 아이들은 자신이 직접 도와주려 했다. 유괴나 납치 등 아이의 안전과 직결되는 것이니 주의해야 한다.

4. 자전거를 탈 때는 헬멧을 꼭 쓰세요.

헬멧을 쓰지 않고 스쿠터를 타는 한 동양 아이에게 백인 할머니가 "위험하니까 헬멧을 꼭 써야 한다"고 말하는 것을 봤다. 타인에게 함부로 조언하지 않는 미국 사람이지만 아이들의 안전과 관련한 일에선 '잔소리'도 한다. 스쿠터는 물론 자전거 등 바퀴 있는 기구를 탈 때는 반드시 헬멧을 쓰도록 가르치자.

5. 자동차에서는 안전벨트를 꼭 매세요.

안전벨트 착용과 관련한 법은 주마다 다르다. 캘리포니아주에선 운전자를 포함해 탑승자 전원이 안전벨트를 매야 한다. 이를 위반하면 162달러의 벌금을 부과한다. 만 8세 이하 또는 키가 149센티미터 미만일 때는 부스터 시트를 사용해야 한다.

뉴욕주는 앞좌석만 의무이지만 16세 미만은 뒷좌석에서도 안전벨트를 매야 한다. 위반하면 벌금 50달러.

6. 동물을 친절하게 대해주세요.

미국 아이들은 어릴 때부터 동물을 보호하고 돌봐줘야 한다는 이야기를 많이 들으며 자란다. 대부분의 가정에서 강아지나 고양이 등 애완동물을 키우는데, 아이들은 이 애완동물을 통해 자신보다 약한 존재를 돌보는 방법을 배운다.

7. 기억해야 할 전화번호 911

미국에서는 경찰관이나 소방관을 부를 때 모두 911을 누른다. 이날 경찰들은 색칠공부책 뒤에 있는 큰 전화기 그림을 보여주면서 아이들과 9-1-1을 순서대로 누르는 연습을 여러 번 했다.

미국 엄마들은 처음 아이들이 부모의 전화번호를 외울 때도 전화기 숫자판을 놓고 이를 누르도록 하면서 가르친다. 보통 3~4세 때 프리스쿨 진학을 앞두고 연습하는데, 만 5세에는 부모 연락처를 외우고 있어야 한다고 여기기 때문이다.

5-4
미국 정부가
엄마들에게 주는 혜택

미국에서 출산을 하면 의료비만 1만 달러(약 1200만 원)가 훌쩍 넘는다. 미국

내에서 가장 큰 한인 타운이 있는 LA에 살다 보니 가끔 원정 출산을 오는 산모를 만난다. 8주 정도 머물며 출산하는데 경비를 2만~3만 달러(약 2400만~3600만 원) 정도 잡는다고 하니, '미국 출산=최소 2만 달러'라는 공식이 성립함을 알 수 있다.

2017년 7월 건강 자료 분석 기관인 캐스트라이트 헬스(Castlight Health)에 따르면, 미국에서 자연 분만으로 출산하는 비용은 전국 평균 8775달러(약 985만 원), 제왕절개는 1만 1525달러(약 1294만 원)인 것으로 나타났다. 그러나 지역에 따라 비용이 최대 1만 달러 가까이 차이 났다. 자연 분만이라 해도 캘리포니아주 새크라멘토(1만 5420달러)에서 출산하면 캔자스주 캔자스시티(6075달러)에서보다 9345달러(약 1049만 원)를 더 지불해야 한다.

병원에 따라 다르지만 산모와 보호자의 식사비, 입원비, 아기 기저귀 사용료까지 청구하는 경우도 있다. 유타의 한 병원은 분만 직후 아기를 엄마 품에 안겨주고 '스킨 투 스킨(Skin to Skin)'이라는 명목으로 약 40달러를 청구해 비난의 중심에 서기도 했다.

그리고 개인이 가입한 보험의 종류와 혜택에 따라 비용도 달라진다. 자본주의 시장 경제를 추구하는 미국에서는 의료보험을 제공하는 보험 회사만 50여 곳이 넘는다. 각 보험 회사마다 다양한 보험 플랜이 있으며, 개인이 상황에 맞게 선택할 수 있다. 그 때문에 출산 시 본인이 내야 하는 비용은 0달러부터 수천 달러에 이르기까지 천차만별이다.

출산 비용 부담이 큰 미국이지만 저소득층 산모에게는 정부에서 건강보험 혜택을 제공한다. 연방 정부와 주 정부는 메디케이드(Medicaid)라는 프로그램을 통해 저소득층에게 무료 건강보험 혜택을 제공하는데, 주마다 차이가 있지만 성인보다는 어린 아이나 산모에게 혜택이 더 관대한 편이다.

예를 들어 캘리포니아는 메디칼(Medi-Cal)이라는 메디케이드 프로그램을 운영한다. 성인은 메디칼 혜택을 받으려면 개인이나 가구 소득이 연방 정부가 정한 빈곤선보다 138% 이하여야 한다. 그러나 산모에게 적용하는 임신 메디칼(Pregnancy Medi-Cal)은 그 기준이 훨씬 높기 때문에 더 많은 산모들이 혜택을 받을 수 있다.

월 소득이 3000달러(약 360만 원)인 부부가 있다고 가정하자. 이 부부의 소득은 연방 빈곤선인 138%를 초과해 메디칼 혜택을 받을 수 없다. 하지만 아내가 임신을 하면 같은 소득이라도 아내는 임신 메디칼 혜택을 받을 수 있는 자격이 된다. 보통 정부에서 제공하는 건강보험 혜택을 받으면 임신과 출산 관련 의료 비용이 대부분 무료다.

저소득층 건강보험은 주마다 혜택 기준이 다르다. 하지만 연방 정부가 운영하는 영양 프로그램 윅(WIC)은 어느 주에 살고 있든 동일하게 혜택을 받을 수 있다. 모든 임산부와 5세 미만의 아이가 있는 가정이 대상이다. Woman, Infants, Children의 약자인 WIC은 저소득층 가족에게 식품 구입권과 모유 수유 지원, 영양 교육, 지역 사회 서비스 소개 등의 혜택을 제공한다.

식품 구입권은 산모와 아기가 건강한 음식을 섭취해 충분한 영양을 공급받을 수 있도록 도와주기 위해 발급하는 상품권이다. 저소득층 산모를 지원하지 않아 건강한 아이가 태어나지 못한다면, 아기들이 충분한 영양을 제공받지 못해 건강하게 성장하지 못한다면, 더 많은 사회적 비용이 발생할 것이므로 산모와 5세 미만에게 재정 지원을 해주는 것이다.

캘리포니아 WIC 프로그램은 수혜자들에게 2016년 기준 월 평균 61달러(약 7만 원)의 식료품 구입 비용을 지원한다. WIC 혜택을 받는 가정은 매달 지급받는 상품권이나 카드(EBT)를 사용해 지정된 식료품 마트에서 우유, 치즈, 시리얼, 식빵, 쌀, 두부, 과일, 채소 등을 구입할 수 있다.

연방 정부가 엄마와 자녀들에게 제공하는 또 하나의 대표적인 혜택은 헤드 스타트(Head Start)다. 1960년대 중반부터 시작된 헤드 스타트는 교육 기회의 불균형을 해소하기 위한 프로그램이다. 저소득층 가정의 취학 전 자녀들에게 교육의 기회와 건강, 영양, 부모 교육 관련 지원 서비스를 제공하는 것이 골자다.

저소득층 가정은 헤드 스타트 프로그램을 통해 3~5세 자녀를 무료로 유치원에 보낼 수 있으며, 정서적·신체적·인지적으로 건강한 아이로 양육하는 방법 등을 무료로 배울 수 있다. 저소득층 자녀의 건강관리와 치과 검진 등도 무료로 해준다. 연방 정부는 연간 약 100만 명의 아이와 가족이 헤드 스타트 프로그램의 혜택을 받고 있는 것으로 추산한다.

지역에 따라 교육구에서 헤드 스타트 프로그램을 운영하기도 하고, 지역 사회 비영리 단체에서 관련 서비스를 제공하기도 한다. 같은 프로그램이라도 거주 지역에 따라 혜택을 받는 방법이 다를 수 있다.

그래서 미국에서는 지역 주민을 위한 '커뮤니티 리소스 페어(Community Resource Fair)'가 자주 열린다. 지역 주민에게 다양한 정보와 혜택을 제공하는 정부 기관이나 비영리 단체가 모여 일종의 정보 박람회를 개최하는 것이다. 저소득층 주민이 정보 부족으로 혜택을 받지 못하는 사례를 줄이기 위해서다.

미국에는 정부 기금이나 기업 후원, 개인 기부 등으로 운영하는 비영리 단체가 많다. 이 단체들은 정부를 대신해 저소득층 가정이나 산모, 어린이 등을 돕는 일을 다양하게 펼친다.

내가 일했던 한인가정상담소(Korean American Family Services)는 한국 최
초의 여성 변호사 이태영 박사와 뜻을 같이하는 LA 지역의 한인 이민 여성
들이 1983년 설립한 비영리 단체다. LA 카운티 정신건강국이나 아동보호국
으로부터 지원금을 받아 필요한 가정에 무료로 상담 서비스를 제공하고 있
다. 연방이나 주 정부 지원금으로는 가정 폭력 예방 교육을 하거나 피해 가
정을 상담 및 지원하는 일도 한다. 미국에는 수많은 이민자가 살고 있기 때
문에 정부는 한인가정상담소처럼 영어가 모국어가 아닌 사람들을 돕는 비
영리 단체를 통해 언어나 문화적 장벽으로 인해 정부 혜택을 받지 못하는 여
성과 어린이를 지원하고 있다.

미국 정부가 엄마들을 위해 제공하는 혜택을 살펴보면 한 가지 특징이 있
다. 궁극적 수혜자는 엄마만이 아니라 사회적 약자라는 것이다. 예비 엄마를
위한 건강보험 혜택 확대 적용이나 WIC, 헤드 스타트 등은 아이들이 건강하게
성장하고, 평등한 교육 기회를 제공받을 수 있도록 만든 복지 제도다.

주에 따라 워킹맘은 출산 기간 동안 장애(Disability) 수당을 신청, 월급의
일정 부분을 주 정부에서 보조받을 수 있다.

엄마만을 위한 출산 수당이 아니라 아파서 일을 할 수 없는 사람들에게
경제적 보조를 해주는 제도가 있다 보니 예비 엄마도 이 혜택을 받는 것이
다. 물론 미국은 선진국 중에서 유일하게 법으로 유급 출산 휴가를 정해놓지
않아 비난 여론도 만만치 않다.

한 한국인 친구는 미국에서 아이를 낳아보니 미국이 얼마나 사회적 약
자를 위해 법을 잘 만들어놨는지 실감한다고 말했다. 특히 출산 휴가 기간

동안 장애 수당을 받으면서, '장애'에 대해 다시금 생각해봤다고 했다. 한국어로는 보통 '장애인과 비장애인' 심한 경우엔 '장애인과 정상인'으로 나누지만 영어는 아니다.

능력이나 재능, 가능성을 뜻하는 Ability라는 단어 앞에 부정의 뜻이 있는 Dis를 붙이면 Disability, 곧 '장애'라는 뜻이 된다. 우리가 살면서 자신의 Ability를 발휘할 수 없는 때가 바로 Disability 상태인 것이다. 출산으로 일을 할 수 없을 때, 사고로 몸을 다쳤을 때가 모두 여기에 속하며 이는 누구에게나 생길 수 있는 일이다.

미국 엄마들이 아이를 키우기 좋은 이유는 엄마를 위한 복지 제도가 잘 갖춰져 있어서가 아니다. 사회적 약자, 사회적 취약 계층에 대한 혜택을 법적으로 보장해놓았기 때문이다. 덕분에 여성은 임산부가 됐을 때, 자신의 능력을 발휘할 수 없는 취약한 상태가 됐을 때, 그리고 어린이를 돌보는 동안 그 혜택을 받을 수 있다.

5-5
1년 내내 이벤트가 이어지는 미국 달력

한국에서는 시간의 흐름을 계절로 인식한다. 봄이 지나면 여름이, 여름 다음에 가을과 겨울이 오는 것처럼 말이다. 그렇게 1년이 지나면 다시 봄이 온다.

반면 미국에서는 'ㅇㅇ 데이'로 시간의 흐름을 인식한다. 미국 달력엔 한 달에 한 번은 전통 명절이나 기념일이 있다. 이런 날을 기리고 축하하다 보면 어느새 1년이 지난다.

1월 1일에는 새해 첫날을 맞아 지역마다 곳곳에서 전통 퍼레이드가 거리를 수놓는다. 일정 구간을 정해 차량을 통제하고, 꽃차가 행진하거나 군악대가 공연을 펼친다. 서부 LA 인근 패서디나는 생화로 아름답게 장식한 꽃차가 거리를 누비는 로즈 퍼레이드로 유명하다.

1월 셋째 일요일은 마틴 루서 킹 데이(Martine Luther King Day)다. 이날은 하루 종일 흑인 인권 운동가 킹 목사의 생일을 기념한다. 킹 목사의 고향 애틀랜타는 물론 전국에서 화려한 퍼레이드도 펼쳐진다. 학교에서는 마틴 루서 킹 데이를 앞두고 학생들이 킹 목사와 흑인 인권 운동에 대해 배운다.

2월 14일은 밸런타인데이(Valentine's Day)다. 한국과 달리 성별이나 관계에 제한을 두지 않고 가족, 연인, 친구, 동료 등 모두가 사랑을 주고받는 날이다. 아이들은 같은 반 친구나 선생님을 위해 초콜릿, 카드, 연필, 스티커 등 작은 선물을 준비한다. 부부는 물론 연인도 선물을 주고받고 멋진 레스토랑에서 데이트를 한다.

2월 셋째 월요일은 프레지던트 데이(President Day)다. 모든 전임 대통령들을 추모한다는 의미를 담은 날이다. 본래 초대 대통령인 조지 워싱턴의 생일인 2월 22일이 기념일이었는데, '모든 대통령'으로 범위를 확장하면서 셋째 월요일로 정해졌다.

3월 17일은 세인트 패트릭 데이(St. Patrick's Day)로, 아일랜드에 기독교를 전파한 패트릭 성인을 기념하는 날이다. 초록색 옷을 입거나 액세서리를 해야 한다. 그렇지 않으면 친구들에게 꼬집힘을 당한다.

3월 둘째 일요일부터는 한 시간씩 빨라지는 서머타임(Daylight Saving Time)이 시작된다. 저학년 자녀를 둔 엄마들은 서머타임이 시작되기 일주일 전부터 빨라질 등교 시간에 아이들이 잘 적응할 수 있도록 조금씩 일찍 재운다. 서머타임은 11월 첫째 일요일까지 이어진다.

3월 말부터 4월 중순에는 부활절(Easter)이 있다. 그리스도의 부활을 기념하는 날인데, 비슷한 시기에 아이들의 봄방학이 시작한다. 사탕이 들어 있는 계란을 찾는 에그 헌트(Egg Hunt)가 열리고, 쇼핑몰에는 이스터 버니(Easter Bunny)가 등장해 기념 촬영을 해준다. 교회는 부활의 소식을 알리는 나팔 모양의 이스터 릴리(Easter Lily)로 장식한다.

몇 년 전부터는 4월 22일 지구의 날(Earth Day)도 의미 있게 보낸다. 환경을 보호하자는 의미로 씨앗이나 나무 심기 행사 또는 걷기 대회 등이 열린다.

미국에서도 5월은 감사를 전하는 달이다. 5월 둘째 일요일은 어머니날. 미국에서는 어머니날과 아버지날이 따로 있다. 세상 모든 엄마의 수고에 감사하며 선물을 전하는 날로, 1914년 우드로 윌슨 대통령이 국가 공휴일로 지정했다. 자녀들은 어머니를 위해 선물을 준비하고, 보통은 가족이 모두 모여 저녁 식사를 한다.

교회나 상점 같은 곳에서는 '어머니'에게 카네이션을 전달하는 행사가 열린다. 메이저리그 야구 경기에서는 선수들이 분홍색 유니폼에 분홍색 야구 방망이를 들고 나오는 깜짝 이벤트를 열기도 한다.

스승의 날은 따로 없다. 하지만 유치원이나 학교 등의 교육 기관은 5월 첫째 주나 둘째 주를 '교사 감사 주간(Teacher's Appreciation Week)'으로 보낸다. 미국엔 '선생님께 감사=사과(Apple)'라는 이미지가 있어 교사 감사 주간 포스터에는 항상 사과가 그려져 있다. 서양 문화에서 사과는 지혜를 상징하며, 예전엔 사과 농사가 풍년이 들면 선생님께 사과를 선물하기도 했다. 가난한 아이들이 수업료 대신 사과를 학교에 가져다 낸 것에서 유래한 전통이다.

5월 넷째 월요일은 메모리얼 데이(Memorial Day)로 한국의 현충일과 비슷하다. 나라를 위해 목숨을 잃은 군인들을 추모하는 날이다. 또한 2월의 프레지던트 데이 이후 약 3개월 만에 맞는 연휴라 많은 가족이 여행을 떠난다.

아버지날은 6월 셋째 일요일이다. 어머니날보다는 관련 행사가 적은 편이다. 그래도 '아버지를 위한 선물'로 가전제품이나 의류, 신발, 공구 등 남자들이 좋아할 만한 품목을 대대적으로 세일한다.

7월 4일을 전후해서는 곳곳에서 불꽃놀이가 이어진다. 자유를 외치며 영국으로부터 독립한 미국의 최대 명절, 독립기념일(Independence Day)을 축하하기 위해서다. 해변, 강가, 공원, 쇼핑몰, 대학 운동장, 골프장, 풋볼 경기장 등 지역 사회의 상징적인 곳에서는 어김없이 독립기념일을 축하하는 축포가 터진다. '미국의 생일'인 만큼 유명 소매점이나 쇼핑몰 등에서는 대형 케이크를 준비해 고객들과 독립기념일을 축하하고 나눠 먹는 행사가 열린다.

8월엔 특별한 기념일이 없지만 '개학'을 뜻하는 '백 투 스쿨(Back To School)' 시즌이다. 학용품은 물론 의류, 가구, 전자제품 등 새 학기 준비와 관련한 물건을 알뜰하게 마련할 수 있는 시기다. 대부분의 학교는 8월 중순부터 9월 초 사이에 개학한다. 미국 학교의 새 학기는 3월이 아닌 8~9월에 시작해 다음 해 5월 말에서 6월초까지 이어진다.

9월 첫째 월요일은 노동절(Labor Day)이다. 미국 사람들은 노동절을 기점으로 여름이 끝나고 가을이 시작된다고 생각한다.

10월 둘째 월요일은 크리스토퍼 콜럼버스가 1492년 아메리카 대륙을 발견한 것을 기념하는 콜럼버스 데이(Columbus Day)다. 그러나 몇 년 전부터 LA시를 비롯해 시애틀, 미네아폴리스, 버클리, 샌타크루즈 등 일부 도시와 주에선 아메리카 대륙에 있던 원주민을 기억해야 한다는 의미에서 이날을 '원주민의 날(Indigenous Peoples Day)'로 변경하는 움직임도 일고 있다.

10월의 마지막 날인 31일은 1년에 한 번 아이들이 만화 속 주인공으로 변신할 수 있는 핼러윈 데이(Halloween Day)다. 좋아하는 캐릭터로 변장한 아이들은 동네를 돌면서 "Trick or Treat" 하며 사탕이나 과자를 받는다. "Trick or Treat"는 "사탕을 주지 않으면 장난을 칠 테다"라는 뜻이다.

11월 11일은 재향 군인의 날(Veterans Day)이다. 참전 용사들을 위한 행사가 열리며, 콜럼버스 데이와 더불어 연방 공휴일에 속한다.

11월 넷째 목요일은 추수감사절(Thanksgiving Day)로, 한국의 추석과 같은 날이다. 처음 미국에 정착한 청교도들이 가을 추수에 감사하고 이를 기념한 것이 전통으로 이어져온다. 그 옛날과 마찬가지로 칠면조 고기와 크랜베리소스, 호박파이 등으로 저녁 만찬을 즐긴다. 일부 학교는 1주일간 방학을 하고, 온 가족이 모여 식사하는 전통 때문에 전국적으로 대대적인 인구 이동이 벌어지기도 한다.

이날을 기점으로 미국에서는 본격적인 연말 연휴 시즌이 시작된다. 추수

감사절 다음 날은 블랙 프라이데이(Black Friday)로 소매점들이 1년 중 가장 큰 세일을 한다. 이후 대대적인 온라인 세일을 펼치는 사이버 먼데이(Cyber Monday), 블랙 프라이데이와 사이버 먼데이에 자신을 위해 돈을 썼다면 불우한 이웃을 돌아보며 기부하자는 기빙 튜스데이(Giving Tuesday)가 이어진다.

12월 25일은 크리스마스로 연말 분위기가 물씬 풍긴다. 한 해를 마감하며 서로 선물을 주고받는다. 대부분의 학교는 겨울 방학을 시작하며, 회사들도 12월 25일부터 1월 1일까지 휴무하는 경우가 많다. 12월 마지막 주는 대부분 가족과 시간을 보낸다. 그리고 12월 31일을 뉴 이어스 이브(New Year's Eve)로 기념한다.

이렇게 전통적으로 이어져오는 명절과 각종 기념일을 기리고 축하하다 보면 1년이 흐른다.

미국 엄마들은 아이들이 유치원이나 학교에 다니기 시작하면 거의 매달 한 번씩 있는 이 '데이'들을 챙기느라 바쁘다. 학교에서는 관련 행사가 열리고, 친구들끼리 작은 선물을 주고받기도 한다. 엄마들은 학부모회(PTA) 모임을 통해 학교 행사를 돕고, 아이 친구들의 구디 백(Goodie Bag)을 준비한다.

처음엔 행사가 너무 많아 부담스러웠다. 그런데 미국 엄마들은 각종 기념일을 교육의 기회로 삼았다. 마틴 루서 킹 데이나 프레지던트 데이, 독립기념일 등에는 미국 역사를 이야기하고, 지구의 날에는 환경 보호를 가르친다. 미국 친구 중엔 핼러윈을 맞이해 받아온 사탕을 어떻게 할 것인지, 아이와 미리 규칙을 정하며 절제를 가르치는 경우도 있었다. 그리고 많은 미국 엄마들은 추수감사절이나 크리스마스를 앞두고 우편 배달원이나 아파트 청소 아줌마에게 손편지로 감사 인사를 전하도록 가르치기도 한다.

　미국 달력을 따라 살다 보면 일과 휴식이 적절한 조화를 이룬다. 역사적으로 중요한 날을 되새기며 현재 내 곁에 있는 이들에게 감사를 전하는 것도 가능하다. 미국 달력에는 미국 사람들이 살아가는 일상의 지혜가 담겨 있는 듯하다.

5-6
미국 엄마들이
디즈니월드에서 가르치는 것

빌 클린턴 전 대통령의 외동딸 첼시 클린턴이 한 언론 매체와 인터뷰를 한 적이 있다. 첼시는 부모님 덕분에 세계 여러 곳을 여행하고, 다양한 경험을 할 수 있어 감사하다고 말했다. 그리고 어릴 때 디즈니월드에 데려가줘서 고맙다는 말도 덧붙였다. 미국 사람들에게 디즈니월드가 갖는 의미를 단적으로 보여주는 인터뷰였다.

　'디즈니'는 미국 아이들의 어린 시절과 떼려야 뗄 수 없는 단어다. 미국 아이들은 물론 전 세계 아이들은 디즈니 만화를 보고, 디즈니 캐릭터가 그려진 옷을 입고, 핼러윈에는 디즈니 주인공으로 변신한다. 이 모든 것이 현실에서 그대로 펼쳐지는 곳이 바로 디즈니월드다.

미국에는 디즈니 테마파크가 두 곳 있다. 디즈니월드 리조트는 플로리다 주 올랜도, 디즈니랜드는 LA에서 1시간 정도 떨어진 애너하임에 위치해 있다. 지난해 겨울 크리스마스를 앞두고 오래된 미국인 친구 가족과 디즈니월드로 가족 여행을 다녀왔다. 덕분에 미국인들이 가족 여행을 준비하고 즐기는 방법을 가까이에서 경험할 수 있었다. 디즈니월드로 가족 여행을 같이 다녀왔을 뿐인데 가까이에서 미국 엄마의 자녀교육법과 지혜를 배울 수 있는 시간이었다.

일반적으로 미국 사람들은 가족 여행, 특히 여름휴가나 겨울휴가는 6개월에서 1년 전부터 준비한다. 물론 한 달 전, 몇 주 전에 계획하고 떠나는 경우도 있지만 '가족'이 함께하는 여행은 오래전부터 준비하는 게 보통이다. 가족이 여러 지역에 떨어져 사는 경우가 많아서 이들이 모두 모이려면 기간을 넉넉하게 잡아야 하기 때문이다. 이처럼 온 가족이 함께 떠나는 여행은 실제로 1주일이라 해도 6개월 동안 즐기는 느낌이 난다.

미국인들이 얼마나 일찍부터 준비하는지는 디즈니월드의 유명 식당 예약 상황을 보면 알 수 있다. 디즈니월드 리조트는 4개의 대형 테마파크로 이뤄져 있는데, 가장 유명한 곳이 신데렐라성이 한가운데 우뚝 서 있는 매직킹덤이다. 이 매직킹덤에 있는 '신데렐라의 로열 테이블'은 디즈니 공주님들이 나와 식사 중인 손님들과 직접 이야기를 나누는 캐릭터 다이닝이 있는 곳으로 잘 알려져 있다. 그런데 이 캐릭터 다이닝 예약은 파크 방문 6개월 전에 해야 한다. 영화 〈미녀와 야수〉에 나오는 야수의 성을 그대로 옮겨놓은 듯한 레스토랑 '비 아워 게스트' 역시 마찬가지다.

우리는 12월 13일에 신데렐라의 로열 테이블에서 점심 식사를 할 계획이었다. 그래서 180일 빠른 6월 17일 새벽 3시에 일어나 플로리다로 전화를 걸었다. LA와 3시간의 시차가 있기 때문에 첫 예약을 받는 오전 6시에 맞추려면 새벽부터 부산을 떨어야 했다.

내 친구 스테파니에 따르면 인기 있는 식당은 대부분 하루만 지나도 예약이 힘들다고 했다. 그래서 새벽에 일어나 스테파니 부부, 우리 부부, 하와이에 있는 스테파니 동생까지 5명이 동시에 5개의 식당을 예약했다. 원하는 식당을 모두 예약하고 싶어 유난을 떤 것도 있지만 덕분에 누릴 수 있는 즐거움도 있었다. 많은 경우 미국인들은 디즈니월드 리조트로 여행 갈 때 이렇게 온 가족이 함께 유난을 피우면서 '함께 준비하는 즐거움'을 느낀다는 데 틀린 말은 아닌 것 같다.

비 아워 게스트 식당은 야수 캐릭터가 등장하는 저녁 식사보다 아침 식사 예약이 더 어렵다. 아침은 오전 8시부터 가능한데, 식당이 있는 매직킹덤 입장 시간은 오전 9시다. 그 때문에 9시 이전에 아침 예약을 해놓으면 매직킹덤 입장을 7시 45분부터 할 수 있다. 공식 입장 시간 전에 한산한 매직킹덤에서 사진 촬영을 할 수 있고, 일찌감치 아침을 먹고 나와 놀이 기구도 먼저 탈 수 있는 장점이 있다. 이런 소소한 팁은 스테파니와 여행 계획을 짜면서 처음 알았다.

이렇게 일찍 계획을 짠 다음에는 남은 기간 동안 아이들과 함께 여행 준비를 한다. 여행지에 대해 같이 공부하고, 가서는 무엇을 할지 이야기를 나눈다. 현지에서 발생할지도 모를 문제, 예를 들면 부모를 잃어버릴 경우 대처 방법 등을 미리 논의한다.

우리는 함께 입을 티셔츠를 만들었다. 미국의 유명 여행지에서는 온 가족이 티셔츠를 맞춰 입은 모습을 쉽게 볼 수 있다. 미국의 여러 테마파크 중에서도 디즈니월드나 디즈니랜드는 할아버지, 할머니와 함께 여행하는 대표적인 곳이다. 이런 까닭에 조부모와 부모, 자녀들이 같은 테마나 같은 색, 같은 모양의 티셔츠를 맞춰 입는 경우가 많다. 위계질서가 분명한 한국에선 쉽지 않겠지만, 권위를 내세우지 않는 미국에선 80세 할아버지부터 세 살 손자까지 이를 통해 가족의 동질감과 소속감을 느끼며 여행을 즐긴다.

우리는 각자 다른 7가지 색깔의 티셔츠에 디즈니 캐릭터를 인쇄해 입었다. 무늬 없는 티셔츠를 사서 검정색 물감으로 캐릭터를 찍는 작업은 스테파니가 맡았다. 미국 엄마들은 웬만한 것은 핸드메이드로 직접 해결한다. 어렸을 때부터 '만들기'를 많이 했기 때문이라는데, 티셔츠까지 집에서 인쇄해 입으니 신기했다.

여행이 한 달 정도 남았을 때, 스테파니는 우리에게 '디즈니 박스'를 선물했다. 상자 안에는 디즈니 음악 CD와 《디즈니 캐릭터 백과사전》, 기념주화를 만드는 기계에 넣을 1센트와 25센트 동전, 그리고 스테파니가 직접 만든 '디즈니 카운트다운 체인'이 들어 있었다.

디즈니월드 같은 테마파크에 가면 캐릭터를 직접 만날 기회가 있는데 아이들은 이들 캐릭터한테 사인을 받고, 함께 사진도 찍는다. 《디즈니 캐릭터 백과사전》은 각각의 캐릭터에 관한 설명이 있어 이들을 이해하고 사인까지 받기에 유용했다. 또한 미국의 유명 관광지에는 25센트 동전 2개와 1센트 동전을 넣으면 1센트짜리 동전에 관광지 이름과 기념 마크가 찍혀 나오는 기계가 있다. 그래서 여행 가는 곳마다 기념주화를 만들어 수집하는 아이들도 있다.

디즈니 박스에 들어 있는 물건 중 특히 눈길을 끈 것은 디즈니 카운트다운 체인이다. 미키 마우스를 상징하는 빨강색, 흰색, 검정색 종이를 잘라 동그랗게 고리로 만든 것이다. 모두 10개의 고리로 이뤄져 있는데, 여행 10일 전부터 매일 아침마다 한 개씩 체인을 끊어내면서 카운트다운을 한다.

아이들은 체인의 길이가 짧아지는 것을 직접 눈으로 보면서 '그날'을 기다린다. 막연하게 기다리는 것보다 현명한 방법이다. 뭔가 눈으로 직접 보면 기다리기도 쉽다.

카운트다운 체인이 모두 끊어진 날, 우리는 비행기를 타고 디즈니월드에 도착했다. 아이가 기념품을 사달라고 할 게 분명했기 때문에 20달러짜리 한 개만 살 수 있다고 기준을 정해줬다. 그런데 스테파니는 나보다 한 수 위였다. 그녀는 다섯 살 아들 테잇에게 23달러어치 기념품을 살 수 있다고 했다. 그래서 내가 왜 하필 23달러냐고 물었더니, 여행 계획을 세운 후부터 아들이 집안일을 해서 모은 돈이라고 했다.

딸아이에게 20달러만큼 기념품을 살 수 있다고 미리 말해준 것은 좋았지만, 그건 본인의 노력과 아무 상관없이 얻은 돈이었다. 반면 스테파니의 아들에겐 '내가 노력해서 번 돈'이라는 개념이 컸고, 그래서인지 좀 더 심사숙고해서 기념품을 고르는 모습이었다. 신성한 노동의 기쁨을 다섯 살부터 맛보고 있었다.

또 한 가지 다른 점은 핀 트레이딩(Pin Trading)을 같이하면서 느꼈다. 디즈니월드와 디즈니랜드에서는 디즈니 캐릭터 모양이 그려진 기념 핀을 디즈니 직원들과 바꿀 수 있는 핀 트레이딩이 있다. 레고랜드에서는 레고 캐릭터를 바꿔주는 캐릭터 트레이딩이 있다.

나는 딸이 갖고 있는 기념 핀 중에서 모양이 이상한 것들을 고른 다음 그걸 디즈니 직원들의 기념 핀과 바꾸라고 시켰다. 반면 스테파니는 모든 걸 아이들에게 맡겼다. 당시 세 살이던 둘째 아들 루칸 역시 핀을 직접 자신이 바꿨다. 아이들이 어떤 핀을 무엇으로 바꾸든 상관하지 않았다. 아이들은 각각의 핀을 고른 이유를 설명하며 기뻐했다. 본인이 직접 트레이딩하면서 핀뿐만 아니라 성취감과 자신감도 함께 얻은 것 같았다.

비록 5박 6일의 길지 않은 여행이었지만 스테파니 가족과 함께한 덕분에 미국 엄마들의 지혜를 꽤 많이 전수받을 수 있었다.

5-7
한국에서는 무난한 행동도 미국에서는 아동 학대?

한국에선 크게 문제 되지 않을 행동이 미국에선 큰 사건일 수 있다. 남의 일에 큰 관심 없고, 참견은 예의에 어긋난다고 생각하는 미국 사람이지만 아이들의 안전과 관련해선 매우 민감하다. 한 아이를 건강한 성인으로 성장하게 도와주는 데는 부모뿐 아니라 사회 구성원도 중요한 역할을 한다고 생각하기 때문이다.

몇 년 전 미국에서는 회초리를 사용한 체벌이 훈육인가, 학대인가를 놓고 뜨거운 논란이 벌어졌다. 지난 2014년 미국 프로미식축구리그(NFL) 미네소타 바이킹스의 주전 러닝백인 에이드리언 피터슨이 아동 학대 혐의로 기소된 것이 시작이었다. 피터슨은 네 살짜리 아들을 꾸짖다 회초리를 휘둘러 상처를 입혔다는 이유로 경찰에 체포됐다.

이후 전국적으로 체벌의 적법성을 놓고 열띤 토론이 벌어졌다. 〈타임〉은 그해 9월 '아이를 때리는 것은 50개 주에서 합법'이라는 제목으로 관련 기사를 게재했다. 〈타임〉에 따르면 앨라배마주나 애리조나주는 '타당한' 이유와 '적절한' 강도의 체벌을 허용한다. 텍사스주는 체벌로 아이에게 '상당한' 해를 입힌 경우 아동 학대에 해당한다고 규정한다.

그러나 기사를 자세히 읽어보면 '아이를 때리는 것은 합법이니 때려도 된다'는 내용이 결코 아니다. 체벌을 정확히 불법이라고 규정하진 않았으나 '타당한', '적절한', '상당한' 등의 애매모호한 기준을 적용하고 있다는 점에 주목해야 한다. 다시 말해 본인에겐 타당하고 적절하다 해도 다른 사람들이 그렇게 생각하지 않는다면 문제의 소지가 있다는 것이다.

이와 관련해 LA 인근의 베벌리힐스에 있는 한 법률 그룹은 훈육과 학대의 기준을 소개한 칼럼에서 다음과 같은 명확한 결론을 지었다.

"[체벌이] 학대가 아니었다는 것을 증명하기 위해서는 체벌 이유가 타당했음을 증명해야 한다. 그러나 법정에서 이를 판단하는 사람은 당신이 아니다. 검사와 배심원이다. 이들은 당신이 타당하지 못했음을 증명하기 위해 그곳에 있다."

주마다 체벌에 관한 기준이 다르고, 회초리가 불법이라는 법 조항은 없지만 일반적 정서를 고려해 논란이 될 부분은 사전에 방지하는 것이 좋다는 조언이다.

사실 요즘 미국 부모들 사이에선 물건(회초리, 벨트 등)으로 아이를 때리는 행동은 논의 대상도 아니다. 물건을 사용한 체벌은 당연히 옳지 않다고 생각한다. 오히려 미국 엄마들 사이에서 어느 정도 체벌까지 가능한가를 놓고 이야기할 때 논의되는 것은 스팬킹(Spanking)이다. 스팬킹이란 손바닥으로 아이 엉덩이를 때리는 행동을 말한다. 어떤 사람은 기저귀를 차고 있는 엉덩이 위로는 괜찮다고 하고, 어떤 사람은 가벼운 정도의 스팬킹은 허용해야 한다고 주장한다.

한국에서는 살과 살이 닿으면 감정이 실릴 수 있기 때문에 훈육할 때 회초리를 정해놓으라고 하지만 미국에선 반대다. 물건으로 체벌하면 강도를 모르기 때문에 의도보다 심하게 체벌할 수 있다고 생각한다. 한국에서처럼 회초리로 훈육하면 미국에서 아동 학대로 보인다.

반면 손바닥으로 엉덩이를 때리면 자신의 손바닥도 아프기 때문에 강도를 조절할 수 있다고 여긴다. 아동보호국 관계자에 따르면 때리더라도 자국이 남지 않아야 하며, 그러려면 손가락 2~3개 정도를 사용해야 한다는 말이 있다. 결국 때리지 말라는 얘기다. 그는 체벌은 훈육 방법 중 가장 쉬운 것이며, 오히려 다른 다양한 훈육 방법을 배워 상황이나 아이의 나이, 성향에 맞게 사용할 수 있어야 한다고 했다.

아이 몸에서 의심스러운 상처나 자국이 보이면 의사는 물론 학교나 유치원 교사, 목회자, 상담사 등은 아동보호국에 신고해야 할 의무가 있다. 이후 그 아이가 실제로 아동 학대를 당했고, 이를 간과한 사실이 밝혀지면 관련 자격증을 박탈당할 수 있다.

최근 미국에서는 체벌의 부정적 측면을 강조하면서 반대로 긍정적 페어런팅이나 훈육법에 관심이 모아지는 분위기다. 훈육 방법은 수없이 많으며, 이를 적절하게 지속적으로 사용하면 체벌은 필요하지 않다는 주장이다.

아동 학대에 포함되는 방치(Neglect) 역시 미국과 한국의 기준이 다르다. 미국에서는 어린 아이를 혼자 자동차나 집에 두는 일, 어른 없이 혼자 동네를 돌아다니는 일 등이 모두 방치에 해당할 수 있다.

얼마 전 괌을 여행하던 한인 부부가 아이들을 차에 두고 내려 아동 학대 혐의로 현장에서 체포된 일도 같은 맥락이다. 아기가 차에서 잠든 사이 은행 앞에 차를 세우고 현금자동지급기(ATM)에서 현금을 찾아왔더니 지나가던 백인 할머니가 신고를 해서 경찰이 출동했다는 이야기, 부모가 새벽 기도를 간 사이 아이들이 문을 열고 나와 노는 모습을 보고 이웃이 신고했다는 뉴스 등도 미국 법을 몰라서 발생하는 일이다.

물론 일부에서는 요즘 아이들을 과잉보호하고 있다며 반대 의견을 내기도 하지만 아이들의 안전과 관련한 부분이라 법 규정은 엄격하다.

그렇다면 미국에서 아이는 몇 살부터 혼자 있을 수 있을까. 이 법규 또한 주마다 그리고 지역 정부마다 다른 기준을 적용한다. 일단 연방 정부에는 정확한 기준이 없다. 하지만 메릴랜드주는 8세, 일리노이주는 14세로 정해놓았다.

일반적으로는 12세 정도면 아이의 성숙도에 따라 집에 혼자 있을 수 있는 나이인 것으로 본다.

미국소아과협회(AAP)는 11~12세는 낮 동안 일정 시간 집에 혼자 있을 수 있는 나이라는 입장이며, 전국 세이프 키즈 캠페인(The National SAFE KIDS Campaign)은 12세 미만은 상황 대처 능력이 떨어질 수 있기 때문에 어른이 없는 집에 혼자 있는 것은 위험하다고 조언한다.

캘리포니아 교육국이나 아동 학대 방지 및 예방 관련 일을 하는 기관들은 몇 가지 중요한 질문을 통해 아이가 집에 혼자 있을 수 있는 적정 나이가 됐는지 점검해볼 수 있다고 조언한다. 10세 이상의 아이들에게 중요한 질문을 해보면 아이가 집에 혼자 있을 만큼 성숙했는지 판단이 가능하다는 설명이다.

미국에서 전문가들이 생각하는, 집에 혼자 있을 수 있는 기준에 대한 질문은 다음과 같다. 아래의 질문을 10세 이상의 아이에게 해보면 집에 혼자 있을 준비가 됐는지 여부를 판단할 수 있을 것이다. 10세 미만의 자녀가 있는 부모들은 아래 질문을 사전에 인지하고, 필요한 능력을 길러주는 것이 좋다.

-화재 발생 시 집에서 밖으로 나가는 대피 경로를 알고 있는가?

-집 전화와 휴대폰 사용법을 정확히 알고 있는가?

-낯선 사람이 초인종을 누르면 어떻게 대응해야 하는지 알고 있는가?

-응급 상황에 연락할 수 있는 어른 2명의 이름과 연락처를 알고 있는가?

-부모에게 하루 동안 일어난 일을 잘 이야기하는가?

-집 주소와 위치를 정확히 알고 있는가?

-다쳤을 때나 응급 상황에 어떻게 대처해야 하는지 알고 있는가?

-응급 치료에 필요한 의료용품이 어디에 있는지 알고 있는가?

-자신의 흥미가 무엇인지 알고 있으며 스스로 혼자 있길 원하는가?

-형제가 같이 있다 싸울 경우 어떻게 해야 하는지 알고 있는가?

-아이가 쉽게 지루해하거나 놀라는 성격인가?

-필요한 경우 이웃에게 도움을 청할 수 있는가?

-이웃은 안전한 사람들인가?

아이가 혼자 집에 있을 수 있는지는 단순히 나이만의 문제는 아니다. 아이의 안전이 가장 큰 기준이다.

부모가 없으면
나라가 아이를 키운다

살다 보면 아이들에게 자신의 의지나 선택과 상관없이 불행이 밀려들 때가 있다. 태어나면서부터 부모에게 버림받기도 하고, 뜻하지 않은 사고로 부모를 잃기도 한다. 부모가 아이를 양육할 수 없는 상황이 생기기도 하고, 주변에 그 아이를 돌볼 사람이 없는 경우도 있다.

미국의 위탁 보호 제도(Foster Care System)는 이처럼 불행 속으로 빠져든 아이들을 보호하기 위한 사회적 안전장치다. 정의롭고 공평한 사회를 추구하는 미국에는 사회적 약자를 위한 제도적 장치가 탄탄하게 구축되어 있다. 그중 위탁 가정(Foster Family) 제도는 아이들의 기본권을 보장하기 위한 미국의 대표적 아동 복지 제도라고 할 수 있다.

흔히 미국에는 고아원이 없다고 말한다. 제2차 세계대전 이후 사회 공공복지 정책을 수립하고 아동보호법을 제정하면서 미국의 고아원은 모습이 달라졌다. 1950년대에 이르러서는 고아원에 아이들이 집단으로 머무는 것보다 각 가정으로 보내 개인적 돌봄을 받을 수 있도록 하자는 움직임이 생겨났다. 이에 따라 위탁 가정에서 지내는 아이들의 수가 고아원에 있는 아이들을 앞지르기 시작했다. 그리고 1960년대에 정부가 위탁 가정에 재정적 지원을 하면서 위탁 제도는 정부 프로그램으로 자리를 잡았다.

애플의 창업주 스티브 잡스 역시 위탁 아동(Foster Child) 상태였던 것으로 알려졌다. 부모가 아이를 포기할 경우 아동보호국 소속의 위탁 아동이 되는데, 폴 · 클라라 잡스 부부가 스티브를 합법적으로 입양하기 전까지 그는 서류상 위탁 아동이었다.

메릴린 먼로나 실베스터 스탤론, 제임스 딘, 존 레넌, 리어나도 디캐프리오 등도 친부모가 양육할 수 없어 위탁 가정이나 친척(Kinship) 집에서 자랐다. 상대적으로 불우할 수 있는 환경이었다. 그러나 사회적 낙인이 크지 않은 사회에서 공평한 기회를 보장받았다. 그리고 자신의 재능을 발휘해 미국은 물론 세계적 스타로 성장했다.

내가 일했던 한인가정상담소는 아시안 위탁 가정을 교육 · 관리하는 '둥지찾기' 프로그램을 운영하고 있다. 미국에서 아시안 위탁 아이와 가정을 전문적으로 돌보는 위탁 가정 에이전시(Foster Family Agency)는 한인가정상담소가 유일하다.

한인가정상담소의 위탁 프로그램은 한국어로 '둥지찾기'라는 예쁜 이름을 갖고 있는데, 홍보대사로 활동하는 캐서린 코케네스는 위탁 가정에서 성장한 위탁 아동이었다. 부모가 있었지만 알코올중독이어서 제대로 된 양육을 받기 어려웠다. 학교에 가고 싶고, 성공하고 싶었다. 진취적이던 캐서린은 부모에게 위탁 가정 제도 안으로 본인을 넣어달라고 했다. 이후 캐서린은 형제 중 유일하게 위탁 가정 제도의 혜택을 받으며 위탁 부모 밑에서 자랐고, 대학을 졸업했다. 결혼해서 자녀도 낳고, 지금은 손자 손녀가 있는 할머니가 됐다. 아울러 글로벌 기업에서 일하며 자신의 커리어도 이어가고 있다.

의지가 있고 노력하는 사람에게 기회를 주는 사회, 그 기회를 제도적으로 구축해 누구에게나 공평하게 부여하는 사회. 캐서린의 이야기를 들으며 미국이 그런 이상적인 사회를 지향하고 있으며, 어느 정도 실현해나가고 있다는 생각이 들었다.

한인가정상담소에 많은 도움을 주는 탤런트 신애라 씨는 미국식 위탁 가정 제도가 한국에도 정착되길 바란다고 했다. 갈 곳 없는 아이들이 고아원이 아니라 가정에서 머물며 일대일의 돌봄과 사랑을 받는다면 아이의 삶이 크게 달라질 수 있다는 믿음에서다.

입양 홍보대사로도 활발하게 활동하는 신애라 씨는 "사람들이 입양을 왜 해야 하냐고 물어볼 때가 있다. 내가 갑자기 이 세상에서 없어졌을 때, 우리 아이를 누가 돌봐주길 원하는지, 스스로에게 물어보면 답이 나온다"고 했다. 미국의 위탁 가정 제도는 이 질문에 현실적인 답을 준다.

한국인은 핏줄을 중시하면서도 정이 많다. 그래서 위탁 가정 제도는 한국 정서와 잘 맞는 부분이 있다.

한인가정상담소에서 2014년 처음 위탁 가정 프로그램을 시작할 때 우려가 컸다. 입양에 대한 부정적 시각이 있는 한인 사회에 이 프로그램이 뿌리를 내릴 수 있을까 염려했던 것이다. 그러나 막상 프로그램을 시작하자 한인 사회의 관심과 사랑은 뜨거웠다. 한국인의 '정' 덕분에 입양이 아닌 위탁 가정 프로그램은 쉽게 정착할 수 있었다.

2014년 당시 LA 카운티에 한 곳도 없던 한인 위탁 가정은 2018년 말까지 36가정이 생겨났다. 이들은 한인 아이는 물론 백인, 흑인, 히스패닉, 아시안 등 다민족 아이들에게 총 46회에 걸쳐 따뜻한 보금자리가 되어줬다. 이 중 12명의 아이는 입양되어 새 가족을 만났다.

위탁 가정 제도는 연방 정부에서 시행하는 사회 보장 제도이지만 각 주와 카운티 아동보호국에 재량권을 부여해 지역에 따라 세부 사항이 다르다. LA 카운티에는 위탁 가정을 포함, 그룹 홈 등 부모와 떨어져 친척집에 머물며 아동보호국의 보호 아래 있는 아이가 약 3만 5000명에 이른다. 그중 한인 아이는 60~100명 정도 되는 것으로 추산한다.

탤런트 신애라 씨는 아이 한 명을 돌본다고 세상이 크게 바뀌진 않겠지만, 그 아이 한 명을 돌봄으로써 그 아이의 세상은 크게 달라진다는 말을 자주 한다.

미국은 한 아이의 세상을 바꿀 수 있는 방법을 사회 안에 제도적으로 보장해놨다. 엄마의 힘이 부족해도 아이가 공평한 기회를 누리며 성공할 수 있는 나라. 그런 나라를 선진국이라 부른다면 미국도 그에 속한다. 엄마의 힘은, 다름 아닌 바로 그 나라의 힘이다.

미국에서 아이를 키우면
좋은 점

"미국에서 아이를 키우니 좋겠네. 영어 공부 따로 안 시켜도 되고."

한국에 있는 친구들에게 가장 많이 듣는 말이다. 미국에서 아이를 키우는 데는 분명 어려운 점도 있지만 좋은 점 또한 많다.

일단 미국에서 아이를 키우면 몸도, 마음도 편하다. 나라 자체가 넓으니한 개인이 보유하는 공간도 넓다. 뉴욕 같은 대도시는 예외지만 일반적으로 어딜 가나 사람이 북적이지 않는다. 복잡한 서울처럼 개인 공간(Personal Space) 부족 때문에 생기는 스트레스도 없다.

미국 사람들의 개인 공간 존중 문화는 물리적 공간은 물론 심리적 공간까지 포함한다. 내 자유가 중요한 만큼 타인의 자유도 존중해야 한다고 생각해 함부로 조언하지도, 간섭하지도 않는다. 육아에서 이런 자유를 보장한다는 것은 상당한 스트레스 감소를 의미한다.

주변 엄마들의 기대치도 높지 않다. 이유식도 편하게 하고, 식사도 간단하게 차린다. 설거지는 식기세척기가 하고, 아이들은 수면 교육 덕분에 일찍 잠자리에 든다. 저녁엔 베이비시터에게 아기를 맡기고 부부가 데이트를 나가거나 친구들을 만난다. 엄마로서 삶뿐만 아니라 아내로서, 친구로서 자신의 삶도 중요하다고 생각해서다. 전반적인 사회 분위기가 이렇다 보니 조금 더 편하고 자유롭게, 낮은 기대치로 아이를 키울 수 있다.

그렇다고 아이를 엉망으로 키우는 것은 아니다. 사람과 사람이 살아가는 데 필요한 기본 매너는 아주 어렸을 때부터 가르치고, 가치관을 심어주고, 자립심과 책임감을 키워주기 위한 훈련도 어렸을 때부터 시킨다. 사회생활을 처음 시작하는 서너 살이 되면 미국 아이들은 꽤 의젓하다. 자기 조절 능력을 중시하는 미국 엄마들의 양육 방식 덕분에 자신의 감정과 행동을 어느 정도 컨트롤할 수 있다.

미국에서 아이를 키우면 좋은 점 중에는 넓은 자연도 있다. 대도시라 해도 도시 계획을 하면서 녹지 조성을 잘해 어느 곳이든 풀밭과 수영장이 있고, 하늘도 넓게 보인다. 세계에서 제일 비싼 땅 중 하나인 뉴욕 맨해튼 중심에 센트럴파크를 만들어놓은 것을 보면 미국인이 자연을 얼마나 중시하는지 짐작할 수 있다.

또 미국에는 부모의 부족함을 채워주는 교사들이 곳곳에 있다. 나는 대학을 졸업한 뒤 미국에 왔기 때문에 미국 엄마들이 아이를 어떻게 키우는지, 무엇을 강조하는지 모르는 게 많았다. 미국 엄마들처럼 가르쳐야 한다는 생각에 많은 질문을 했는데, 오히려 친구들은 한국 전통에 관심이 많았다. 미국 친구들은 "학교 다니잖아. 그럼 미국에 대해 배울 거야. 차라리 한국을 가르쳐. 그럼 두 가지를 다 아는 아이로 자랄 수 있잖아"라고 조언하곤 했다.

아이가 유치원에 다니기 시작하면서 배우는 것은 대부분 인성 교육과 관련한 것이었다. 학기 초에는 항상 자화상을 그렸고, 자기 자신이 어떤 사람인지 소개하는 글도 썼다. 알파벳도 배우지만 자신의 욕구를 절제하고, 감정을 조절하고, 타인과 어울리는 방법도 배웠다. 학교에서는 날마다 저널

(Journal)을 쓰는데 책을 읽고, 내용을 그리고, 생각을 적는 훈련을 한다.

이 사회가 약속한 공평한 교육 기회 덕분에 아이가 특정 분야에 두각을 나타내면 교육 제도 안에서 성장할 것이란 믿음도 있다. 모든 아이를 대상으로 영재 테스트를 하고, 발전 가능성 있는 아이들에겐 영재 프로그램에 참여할 수 있는 기회를 준다. 학교에서는 테니스, 농구, 댄스, 밴드, 사진, 아트 등 다양한 특별 활동 기회가 주어지고 이를 수업으로 간주하기 때문에 반드시 참여해야 한다. 대학을 가기 위한 입시 위주의 교육이 아니라 배움의 즐거움을 알고, 잠재력을 개발하고, 사회에 도움이 되는 인재로 성장하는 데 필요한 교육을 하는 덕분이다.

한편 미국 아이들은 반려동물과 함께 자란다. 미국 사람들이 생각하는 이상적 가족은 강아지나 고양이, 둘 다 아니라면 새나 금붕어라도 있어야 비로소 완성된다. 퍼듀 대학의 가일 멜슨 박사가 조사한 바에 따르면 미국 아이들 10명 중 4명은 태어날 때부터 집에 반려동물이 있고, 90%는 어린 시절 반려동물을 키운 경험이 있다. 반려동물과 자란 아이들은 자존감이 높고 소셜 스킬이나 공감 능력이 향상되며 알려지나 스트레스 반응이 줄어드는 것으로 나타났다. 어느 시점이 되면 가족처럼, 친구처럼 지냈던 반려동물의 죽음을 맞이하고, 이는 아이들이 삶과 인생을 배우는 또 다른 기회가 된다.

학교에서는 집에서 키우는 반려동물을 데려오는 행사가 주기적으로 열린다. 이웃집에도 강아지나 고양이가 한 마리씩은 있어 얼마 전부터 우리도 고양이를 키우기 시작했다. 아이가 좋아하는 것은 물론이고 우리 부부에게도 또 다른 재미가 생겼다. 개인적으로 반려동물을 키우는 것은 처음인데, 삶의 또 다른 면을 경험하는 중이다.

이 밖에 미국에서는 가족 중심의 삶이 가능해서 좋다. 일하는 시간엔 일하고, 저녁과 주말은 가족과 보내고, 1년에 한두 번은 가족 여행을 떠나고, 취미 생활을 즐긴다. 한국에선 이상적일 수 있는 삶이 미국에선 현실이 된다.

아이들이 큰 꿈을 꾸며 자라는 것도 미국의 특징이자 힘이다. 미국 아이들은 무엇이든 될 수 있고, 무엇이든 할 수 있다고 생각한다. 세계 최고가 될 수 있으며, 세상을 바꿀 수 있다고 자신한다. 부모도, 교사도, 사회도 아이들에게 이러한 자신감을 심어준다. 이에 대한 부정적 의견도 있지만 어찌 됐던 세계 최강국에서 자라는 아이들만이 가질 수 있는 자신감이다.

그리고 무엇보다 한국에서처럼 영어에 목숨 걸지 않아도 된다. 영어가 모국어다 보니 미국 엄마들은 제2 외국어를 열심히 시킨다. 다른 나라 사람들은 모국어와 영어, 최소 2개 국어를 하지만 미국에서 살면 영어밖에 못하는 사람이 되기 십상이라고 생각해서다. 영어 대신 중국어나 스페인어를 가르쳐야 한다는 부담은 있지만 중·고등학생이 되면 특별 활동 시간에 이를 배울 수 있다.

무엇보다 미국이라서 좋은 점은 아이가 자기 자신으로 성장할 수 있다는 점이다. 미국에서 말하는 성공은 자기가 좋아하는 일을 하며 행복하게 사는 것이다. 돈이 중요한 사람은 돈을 많이 벌어 성공할 것이고, 돈보다 다른 무엇인가가 중요한 사람은 그것에 가치를 두며 성공한 삶을 살 것이다. 누구나 시민으로서 책임을 다하며 행복하게 살 수 있으면 성공한 삶이다.

미국에서는 성공에 대한 각자의 다양한 공식이 존재한다. 그래서 아이에게 많은 가능성을 열어줄 수 있다. 그런 기회를 누리며 자신의 꿈을 마음껏 펼친다. 누군가가 원하는 삶이 아니라 자신이 원하는 삶을 살 수 있다는 것, 내가 '나'일 수 있는 자유가 우리 아이들에게 있다는 것. 이것이 미국에서 아이를 키우는 가장 좋은 점이다.

5-10
미국에서 한 달 살기, 어떻게 시작할까

방학이 되면 한국에서 영어를 배우기 위해 미국에 오는 학생을 많이 만난다. 친척이나 지인 집에 있는 경우가 많지만, 전문 기관이나 미국에 대해 잘 아는 한 엄마가 중심이 되어 몇몇이 함께 오는 경우도 봤다.

그렇다면 과연 아는 사람 하나 없이 미국에서 한 달 살기, 가능할까.

일단 부모의 영어 실력과 정보 습득 능력에 따라 다를 것 같다. 요즘은 인터넷을 통해 예전보다 많은 정보를 쉽게 얻을 수 있다. 영어만 잘 한다면 영어권 나라의 정보에 예전보다 수월하게 접근할 수 있다는 뜻이다. 숙박 시설, 학교 정보, 지역 정보 등 인터넷 검색으로 어느 정도까지 파악이 가능하다. 가족이나 지인이 없다면 시행착오를 감수하고 일단 시작해볼 수는 있다.

가장 중요한 것은 한 달 살기의 목적이다. 주 목적이 일상에서 벗어나 쉬는 휴가인지, 많은 것을 보고 견문을 넓히는 여행인지, 자녀의 영어 능력 향상을 위한 연수인지에 따라 계획이 달라질 것이다. 가족이나 지인이 있다면 휴가처럼 쉬면서 여행도 하고 영어도 배우는 일정을 계획할 수 있지만, 홀로 모든 것을 인터넷 정보에 의존해야 한다면 세 마리 토끼를 한 번에 잡기는 어려울 수 있다.

이런 경우 처음엔 가볍게 여행, 경험이 쌓이면 여행 겸 연수로 계획을 짜는 게 현실적이다. 일단 미국 동부나 서부 중에서 지역을 정한 뒤 여러 곳을 둘러보는 여행 일정을 세운다. 많이 돌아다니다 보면 마음에 드는 동네가 생긴다. 다음 여행은 그 동네를 중심으로 하고, 자녀의 서머 캠프도 알아보는 방식으로 조금씩 좁혀나갈 수 있다.

여행 및 연수 경험이 있다면 잘 아는 지역을 중심으로 장기 체류 계획을 세워보는 것도 나쁘지 않다. 여러 곳을 돌아다니는 여행보다 한 지역을 정해서 장기 체류하면 짧지만 지역 주민처럼 살아볼 수 있다.

동부는 뉴욕이나 보스턴, 서부는 LA나 샌프란시스코가 거점으로 삼기 알맞다. 대도시인 데다 국제공항이 있기 때문에 일단 항공권이 타 지역보다 저렴하고, 항공편도 많다. 뉴욕으로 간다면 맨해튼을 중심으로 유명 관광지를 여행하고 동부 아이비리그 학교들을 순차적으로 방문하는 일정이 가능하다. 나중에 아이비리그 학교 중 마음에 드는 지역을 골라 한 달 살아보기를 실천하는 것도 좋은 아이디어다. 뉴욕 지역에 머물면 장시간 운전해야 하는 어려움이 있지만 캐나다와 미국 국경에 있는 나이아가라 폭포와 캐나다 지역까지 여행하는 계획도 가능하다.

서부로 간다면 LA를 중심으로 남쪽 샌디에이고, 북쪽 샌프란시스코로의 여행이 가능하다. LA에서 샌디에이고까지는 2시간 정도 걸리고 그 사이

에 유명 테마파크인 디즈니랜드(애너하임)와 레고랜드·샌디에고 동물원·시
월드(샌디에이고) 등이 있다. LA 인근에는 유니버설 스튜디오와 LA 동물원이
있다.

장시간 운전이 가능하다면 샌프란시스코에서 LA로 1번 고속도로를 타
고 내려오는 여행이나 샌프란시스코에서 요세미티 국립공원, LA에서 라스
베이거스-그랜드캐니언 여행도 잊지 못할 추억을 선사할 것이다.

자녀의 서머 캠프 정보에 관심이 있다면 구글(www.google.com)에서 머
물고 싶은 지역과 Summer Camp라는 키워드를 조합해 정보를 얻을 수 있
다. 지역 YMCA나 YWCA에서 서머 캠프를 운영하는 경우도 있는데 홈페이
지를 찾아 담당자에게 인터내셔널 학생도 등록 가능한지 문의해볼 수 있다.

여름 방학 동안 공립학교나 사립학교 캠퍼스에서 열리는 서머 캠프도
많다. 머물고 싶은 지역에 있는 학교의 정보를 찾아 각 학교의 홈페이지를
방문한다. 방과 후 프로그램인 애프터스쿨(Afterschool) 정보를 찾아 서머 캠
프를 운영하는지, 인터내셔널 학생도 등록할 수 있는지 물어본다. 사립학교
는 자체적으로 서머 캠프를 운영하기도 한다. 지역 학군에서도 서머 캠프를
진행한다. 관련 정보는 모두 홈페이지를 통해 문의하거나 얻을 수 있다.

견문을 넓히는 여행보다 자녀의 영어 능력 향상을 위한 연수가 목적이
라면 혼자 알아보는 것보다 어학원이나 서머 캠프 프로그램 등 전문 기관을
통하는 것이 여러 가지 면에서 수월하다.

비용 부담은 있지만 꼼꼼히 점검해 우수한 프로그램을 찾아낸다면 인터
내셔널 학생들을 위해 만든 영어 프로그램이 한국 학생들에겐 더 유익할 수
있다.

미국 지역 한인 유학 기관 관계자들은 부모가 동행하지 않고 전문 기관을 통해 아이를 영어 연수 보낼 경우, 지역에 따라 차이는 있지만 1주일에 1200~1600달러(128만~171만 원) 정도의 비용을 예상한다.

실제로 미국 단기 어학연수나 유학에 관심 있는 한국 학생을 위한 관리형 유학 교육 기관을 운영하고 있는 아이비포커스 에듀케이션(www.ivyfocus.com)의 김준영 대표에 따르면 미국 단기 어학연수는 일반적으로 4주부터 12주 정도의 기간으로 운영한다. 김 대표는 쌍둥이 아들을 2015년 아이비리그 대학인 하버드와 다트머스에 나란히 합격시킨 교육 컨설턴트이기도 하다.

아이비포커스에는 다양한 어학연수 프로그램이 있는데, 한국에서 가장 선호도가 높은 것은 1~3월에 진행하는 스쿨링(Schooling) 프로그램이다. 보통 8~12주 동안 미국 사립학교에서 미국 학생들과 공부하면서 현장 학습을 다니고, 골프 등의 스포츠까지 배우는 등 미국을 다양하게 경험하는 스케줄로 짜여 있다. 단기 연수는 초등학교 4학년부터 중학교 1학년 학생들이 가장 많이 오는 편이고, 비용은 8주에 1만 2500달러(약 1337만 원), 12주에 1만 8000달러(약 1925만 원)다. 여기엔 숙박비와 학비, 현장 실습비, 과외 학습비 등이 모두 포함되어 있다.

그 밖에 장기 렌트나 숙박 관련 정보는 숙박 공유 사이트 www.airbnb.com을 참조하면 좋다. 아울러 미주 한인들을 위한 커뮤니티 사이트로는 www.missyusa.com이 가장 유명하다. LA 지역 한인들은 www.radiokorea.com, 뉴욕이나 뉴저지를 중심으로 동부 지역 한인들은 www.heykorean.com, 보스턴 지역은 www.bostonkorea.com에서 많은 지역 정보를 공유하고 있다.

부록

The Power of
American Mother

청소년을 닮은 한국,
혼란스러운 한국 엄마들
- 조너선 강, 심리학 박사

많은 호칭이 있다. 누구는 그를 심리학자라 하고, 또 다른 누구는 교육학자라고 한다. 목사님이라고 부르는 사람도 있고, 박사님이라고 부르는 사람도 있다. 정작 본인은 '형사 콜롬보'를 제안한다. 평범함 속에 있는 비범함이 좋단다. 해법을 찾기 위해 끊임없이 질문하는 모습이, 꽤 닮았다.

그가 툭툭 던지는 질문에 답하다 보면 희미했던 것들이 어느새 모습을 드러낸다. 형사 콜롬보를 닮은 조너선 강 심리학 박사가 육아에서 길을 잃고 헤매는 한국 엄마들에게 질문을 던진다. 올바른 길을 찾길 바라는 마음으로 그와의 대화를 일문일답으로 정리했다.

Q | 한국 엄마들은 미국 엄마들보다 상대적으로 육아를 힘들어하는 것 같다. 이유는 무엇인가?

지금 한국은 매우 혼란스러운 시기를 보내고 있다. 급속한 경제 발전에 걸맞은 내적 성장도 이뤘는지 생각해봐야 한다. 겉모습은 어른이지만 정체성 확립 등 내적 문제를 안고 있는 청소년기와 비슷하다. 청소년은 정신적·심리적으로 불안하다. 게다가 정보화 시대 자체가 불안을 가중시킨다. 요즘 한국 엄마들은 아는 게 없어서가 아니라 너무 많아서 불안하다. 힘들 수밖에 없다.

Q | 많은 한국 엄마들이 "다 아는데 잘 안 된다"고 한다. 왜 그럴까?

아는 것과 하는 것은 다르다. 도덕적인 게 무엇인지 알지만 모두가 도덕적이진 않은 것과 같다. 물론 많이 아는 게 나쁜 것은 아니다. 하지만 너무 많이 알면 실패할 확률이 높다. 정보가 많고 아는 게 많아서 이상은 높은데, 우리의 재원은 한정적이다. 개인의 능력과 재정, 시간 등 한정적인 재원을 가지고 높은 이상에 도달하려다 보면 실패하고, 좌절감과 절망감만 커진다.

Q | 그럼 어떻게 해야 하는가?

혼란스러울 때일수록 기본으로 돌아가야 한다. 가장 기본적인 것은 가치관(Value)인데 사람마다, 가정마다 다르다. 그래서 부모 스스로 물어봐야 한다. 우리 아이가 커서 어떤 사람이 되길 원하는가? 많은 부모가 행복한 아이로 자랐으면 좋겠다고 하는데, 그렇다면 행복은 무엇인가? 행복한 육아라는 말도 마찬가지다. 나에게 행복은 무엇인가? 엄마 스스로 물어봐야 한다. 미국에선 이 질문을 아주 어렸을 때부터 들으며 자란다.

Q | 그렇다면 행복은 무엇인가?

사람마다 다르니 한 가지로 정의할 수 없다. 하지만 보통 무엇을 하면, 무엇을 얻으면, 무엇을 이루면 행복할 것이라고 생각한다. 그런데 인간이 하고 싶은 것을 다 할 수 있을까? 얻고 싶은 것을 다 얻을 수 있을까? 어디까지 이룰 수 있을까? 또다시 질문해볼 부분이다. 행복을 외부적인 것에 의존하면 이루지 못할 확률이 더 커진다. 그럼 어떻게 해야 하는가? 각자 자신의 가치관에 맞는 답을 찾아야 한다. 한 가지 덧붙이자면 그 답을 찾으려 할 때, '성숙'을 생각해보길 바란다. 적어도 성숙한 사람은 행복해질 가능성이 많다.

Q | **그렇다면 성숙은 무엇인가? 어떤 엄마가 성숙해지기로 결심했다고 치자. 무엇을 어떻게 해야 하는가?**

그런 엄마가 있다면 일단 칭찬해줄 것이다. 반은 넘게 왔다. 많은 사람이 행복이나 성숙을 생각하지 않고 산다. 또 많은 경우 마음은 있어도 안 한다. 그런데 마음을 먹고, 해보겠다고도 하니 그 엄마는 꽤 많은 가능성이 있는 엄마다.(웃음) 성숙은 결과가 아니고 과정이다. 기준은 사람마다 다르지만 보통 성숙한 사회, 성숙한 사람은 내가 아닌 남을 위한 삶을 산다. 그렇다고 나를 포기하란 뜻은 아니다.

Q | **성숙도, 행복도 쉽지 않을 것 같다. 한국 엄마들은 이런 질문을 많이 받아보지 못했다. 한국 엄마들에게 마지막으로 하고 싶은 조언이 있다면?**

세상에 아무나 하는 게 아닌 것들이 있다. 행복도, 성숙도 거기에 포함된다. 급속 성장을 하는 동안 한국의 성숙은 그 속도를 따라가지 못했다. 한국 엄마들에게 먼저 어떤 '사람(Human Being)'이 되어야 하는가에 대한 답을 찾아보라고 말하고 싶다. 많은 것이 과정이다. 스스로 칭찬해주라. 영어에 "Good enough mother"라는 말이 있다. "그 정도면 됐다", "충분히 좋은 엄마다"라는 뜻인데 아이를 키우면서, 그리고 살아가면서, 이 말을 언제나 기억하기 바란다.

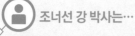 조너선 강 박사는…

중학교 때 미국으로 이민 갔다. 텍사스에 있는 사우스웨스턴 신학대

학원에서 기독교교육학으로 석사, LA 인근 바이올라 대학교에서 교

육학으로 박사 학위를 받았다. 이후 트리니티 대학원에서 심리학 박

사 학위를 받고 LA에 있는 한인가정상담소 심리상담부서 디렉터를

역임했다. 한국과 미국을 오가며 강의하고, 상담하고, 질문을 던진

다. 그가 생각하는 인생의 답은 결국 성숙이다.

미국 교육 현장에서
한국 엄마에게 보내는 조언

- 수지 오, 교육학 박사

유대인 엄마와 한국인 엄마. 교육열 뜨겁기로 유명한 이 엄마들을 누구보다 잘 아는 교육자가 있다. LA 통합교육구(LAUSD)의 유명한 유대인 동네에 있는 '3가 초등학교'에서 23년간 교장으로 재임한 수지 오 박사다. 처음 영어 교사를 시작할 때부터 따지면 41년간 미국 교육계에 몸담았다.

2016년 은퇴한 오 박사는 한국의 교육자와 학부모를 대상으로 강의를 하는 등 미국과 한국을 오가며 활발한 활동을 이어가고 있다. EBS 방송 출연과 언론 인터뷰 등을 통해 한국 학부모들에게도 잘 알려진 오 박사를 만났다. 미국 교육계의 자랑스러운 한인 교육자인 오 박사의 조언을 통해 교육의 참 의미를 되새겨본다.

Q | 미국 초등학교에서 23년간 교장을 역임했다. 학교 이야기를 해달라.
'3가 초등학교'는 LA의 행콕파크 지역에 있는데, LA에서 유대인이 모여 사는 대표적인 곳이다. 대대로 3가 초등학교에 다니는 가족도 있었다. 요즘은 거주민 분포가 조금 달라졌지만 내가 교장으로 있을 때는 백인 학부모가 30%, 아시안 학부모가 30~40% 정도 됐다. 백인 학부모의 대부분은 유대인, 아시안 학부모의 대부분은 한인인 것을 고려하면 전체 학부모의 60%

이상이 유대인과 한인이라고 해도 과언이 아니다.

Q | 유대인과 한국인이 전체 학부모의 60%에 달했다니 학교 분위기가 대단했겠다.

23년간 교장직을 맡는 동안 많은 학부모들이 학교 일에 적극적으로 나섰고, 해마다 다른 도전과 기회를 만나 열정을 가지고 일할 수 있었다. 유대인 학부모는 전체에서 수는 적어도 가장 목소리가 컸다. 그들은 세련된 방식으로 문제를 제기하고 해결하며, 학교 발전을 위해 창조적인 아이디어를 내고 조직적으로 지원하는 후원자였다.

Q | 한국인 학부모와 유대인 학부모의 차이점은 무엇이었나?

모두 자녀에 대한 교육열이 뜨겁다. 학부모에 따라 다르지만 전체적으로 비교하면 유대인 학부모는 자녀보다 학교가 잘돼야 한다고 생각하는 반면, 한국인 학부모는 자기 아이만 잘되면 된다는 생각을 갖고 있는 것 같아 아쉬웠다.

Q | 몇 가지 예를 들어 설명해줄 수 있는가?

대부분의 한인 학부모는 영재 평가 시험이 언제인지만 물어보는 반면, 유대인 학부모는 영재 평가 시험을 연 1회만 시행해서 어떻게 아이들을 올바로 평가할 수 있냐며 교육구에 청원서를 넣기도 한다. 그리고 한인 학부모는 학교 평가에서 몇 점을 받았는지 물어보지만, 유대인 학부모는 "교장으로서 당신의 교육철학은 무엇이냐?"고 물어본다. 점수가 아니라 자신과 교육철학이 비슷한 학교에 자녀를 보내겠다는 신념 때문이다. 청소하는 날에도 유대인과 백인 학부모는 자녀와 함께 학교 곳곳을 돌아보고 손수 가꾼다. 한인 학부모는 전체 학부모 수에 비해 참석률이 낮은 편이었다.

Q | 초등학교 교장을 오래했는데, 초등학교 입학을 앞두고 학부모가 준비해야 할 것이 있다면?

만 5~6세 아이들이 공립학교에 진학한다면 몇 가지 확인해보는 것이 좋다. 먼저 아이가 상급 학교로 진학할 준비가 되어 있는지, 어떻게 하면 큰 어려움을 겪지 않고 진학할 수 있는지 먼저 체크해야 한다. 미국 엄마들은 아이에게 잘 맞는 학교를 찾기 위해 보통 1년 전부터 여러 학교를 방문한다.

아이가 학교에서 교사의 지시를 따르고 학교 규칙을 잘 지킬 수 있는지, 공부하는 습관과 책 읽는 습관이 있는지, 문제 해결 능력과 갈등 해결 능력을 갖췄는지, 공감 능력은 어떤지 등을 생각해보고 부모 역시 학교에 얼마나 봉사하고 후원할 수 있는지 미리 계획해보는 것이 좋다.

Q | 미국에 있는 한인 학부모 또는 한국에 있는 학부모에게 당부하고 싶은 말은?

미국에 있는 학부모에겐 학교 일에 좀 더 적극적으로 나서라고 말하고 싶다. 언어는 문제가 되지 않는다. 학교를 많이 도와주고 지원하면 결국 좋은 학교가 된다. 미국 부모들은 지역에 좋은 학교가 있으면 집값도 올라간다고 생각해 열심히 후원한다.

한국에서 열린 교육 세미나 때 만난 학부모들을 보면 자기 의견보다 다른 엄마들이 하는 대로 따라 하는 경향이 많은 것 같다. 자녀마다, 집집마다 상황이 다르다. 이를 고려해 자기 주관대로 교육하라고 말해주고 싶다. 그리고 자녀들의 모습을 있는 그대로 존중하고, 하고자 하는 일을 할 수 있도록 지원하고 칭찬하는 부모의 자세를 갖길 바란다.

수지 오 박사는…

미국에서 두 번째로 큰 교육구인 LAUSD에서 교사, 다문화 어드바이저 및 스페셜리스트, 교장 등을 역임하며 41년간 재직했다. 남가주대(USC) 교육대학원에서 박사 학위를 받았으며, 2016년 은퇴한 뒤에는 더 바빠졌다. 한국은 물론 중국, 호주, 유럽 등을 다니며 책 읽고, 공부하고, 가르치는 일을 이어가고 있다. 농담하듯 정곡을 찌르는 강의 스타일이 매력 만점이다.

두 아들을 아이비리그에 보낸
교육 컨설턴트에게 듣다
- 김준영, 아이비포커스 대표

너무 가까이 있어서 전문가를 알아보지 못했다. 아이가 생겼지만 이때도 몰랐다. 치열했던 육아가 끝나자 막막한 교육이 펼쳐졌다. 신문사 선배 중 대입 컨설턴트이자 미국 교육 전문가가 있다는 말을 들었다. 바로 LA 한국일보에서 같이 일했던 아이비포커스 대표 김준영 선배님이다.

선배에게 물어가던 후배는 이번에도 선배의 경험과 지식을 받아 챙기기로 했다. 선배가 미국에 올 때 초등학교 2학년이던 쌍둥이 두 아들은 현재 아이비리그인 하버드와 다트머스에서 대학 생활을 즐기고 있다. 그렇게 특별한 미국식 자녀교육 비법을 전수받고 싶은, 사심 가득한 인터뷰가 시작됐다.

Q | 미국 이민 이야기부터 해보자. 왜 이민을 선택했는가?

직장 생활 14년 차 매너리즘에 빠졌고, 초등학교 2학년 아들이 학교에서 스트레스를 받아 원형탈모가 생겼다. 내 삶을 새롭게 시작해보자는 생각 반, 아이들에게 미국 교육 기회를 주자는 생각 반으로 이민을 결정했다. 맞벌이였는데 미국에선 아내가 커리어를 이어가지 못해 경제적으로는 손실이었다. 하지만 두 아들이 즐겁게 공부했고, 하고 싶은 일을 찾았고, 좋은 대학에 진학해 꿈을 키워가고 있다. 경제적 손실을 유학 비용과 맞바꿨다고 생각하면 우리 가족이 미국에 다 함께 있었으니 얻은 것이 더 많다.

Q | 두 아들의 명문대 진학으로 '하버드 & 다트머스 대디'가 됐다. 비결은?

크게 세 가지로 볼 수 있는데, 누구에게나 적용할 수 있다. 일단은 성적이 좋아야 하고, 과외 활동을 차별화해야 한다. 그리고 돋보이는 에세이가 있어야 한다. 명문대에 지원하는 학생은 성적과 과외 활동 모두 우수하기 때문에 에세이가 당락을 가른다고 해도 과언이 아니다. 아들들은 12학년(고등학교 3학년)이 되기 전부터 에세이 주제를 정하고 초고 작성, 교정까지 마쳤다. 입학 사정관이 감동적인 에세이에서 무한한 가능성을 엿볼 수 있었다고 칭찬하기도 했다.

Q | 자녀를 키우며 한국 교육과 미국 교육, 양쪽을 모두 경험했는데 차이점은?

미국에선 어릴 때부터 발표와 글쓰기에 초점을 맞춘다. 자신의 의견을 분명하게 표현하고, 다른 사람의 의견에 반박할 수 있는 능력도 키운다. 교육이 전반적으로 자신만의 특별함을 찾아가는 과정이다. 아이들이 아무리 바보 같은 질문을 해도 들어주고 격려한다. 생각하는 힘을 키우면 창의력이 커진다. 한국은 대체로 주입식 교육인데, 주입식이라고 나쁜 것만은 아니다. 단기간에 대량으로 지식을 습득할 수 있는 것은 장점이다. 한쪽이 좋고 나쁘다기보다는 다르다고 생각한다.

Q | 두 나라가 다르다면 각각의 방법에 더 잘 맞는 학생이 있는가?

일단 한국에서 잘하는 학생은 미국에서도 잘한다. 한국의 주입식 교육을 따라가지 못하지만 목표가 뚜렷하다면, 남들과 달라서 치이고 두각을 나타내지 못한다면, 미국에선 결과가 다를 수 있다. 한국에서는 학생이 공부 외에 다른 방법으로 차별화하긴 힘들지만 미국에서는 다양한 기회가 있다.

Q | 관리형 유학 프로그램을 운영하고 있는데, 성공과 실패 사례를 소개한다면?

지방 중학교에서 하위권이던 학생이 중 2 때 유학을 왔다. 한국에서는 4년제 대학 진학이 어려운 성적이었는데, 뉴욕주립대(NYU)에 합격했다. 중학교 3학년 보통 성적의 평범한 학생이 치과대학에 장학금을 받고 진학한 경우도 있다. 두 학생 모두 한국에서는 경쟁이 치열해 성적이 뒤처졌지만 뚜렷한 목표를 세우고 꾸준한 노력으로 미국 학교에서 상위권에 들 수 있었다.

반대로 미국인 호스트와의 갈등에 향수병까지 겹쳤던 한 학생은 매일 밤 한국에 있는 친구들과 연락을 하느라 늦게 잠들고 지각과 결석을 반복했다. 결국 성적이 떨어졌고, 졸업도 못한 채 한국으로 돌아가야 했다.

Q | 자신의 아이도 미국을 경험했으면 좋겠다는 막연한 생각을 가진 한국 부모들에게 조언을 한다면?

먼저 2~3개월의 단기인지, 1년 이상의 장기인지를 정한다. 단기라면 방학 때 진행하는 캠프보다 미국 학교에서 미국 학생들과 함께 수업을 받는 스쿨링을 권한다. 3~6학년 때가 가장 적당하고, 한 번 경험해보면 미국 학교가 자신에게 맞는지 어떤지 학생 스스로 알 수 있다. 자녀를 오랫동안 떼놓는 것이 싫어 장기 유학 대신 해마다 스쿨링을 보내서 장기 유학의 효과를 얻는 부모도 있다. 스쿨링이나 유학을 보내본 경험이 있는 주변에 물어보고, 인터넷 검색도 하고, 유학원 상담도 받으면서 다양한 정보를 모으면 원하는 방법이 보일 것이다.

김준영 대표는…

한국 매일신문, 동아일보에서 기자로, LA 한국일보에서 편집위원으로 재직했다. 2011년 교육 컨설턴트로 변신, 대입 컨설팅과 스쿨링, 관리형 유학 프로그램을 운영하는 아이비포커스 에듀케이션(Ivyfocus Education inc.)을 설립했다. 2017년 미국교육컨설턴트협회(IECA) 회원으로 승인받았고 한국과 미국을 오가며 자녀교육 및 미국 대학 입시 상담을 하고 있다.

기독교 국가인 미국에는 여러 가지 기도문이 있다. 정제된 언어로 표현된 기도문에는 기도하는 사람의 마음이 고스란히 담겨 있다.

특히 5월 어머니날에는 어머니를 위한 기도문을 많이 소개한다. 우연히 세상의 모든 어머니를 위한 기도문을 읽었는데, 내용이 많이 와닿았다. 이 기도문을 읽기 전에는 '엄마'라고 하면 현재 나처럼 아이를 키우고 있는 엄마, 나를 키워준 '우리 엄마' 정도가 생각났을 뿐이다.

하지만 이 기도문을 읽고 세상에는 정말 많은 종류의 엄마가 있다는 걸 알았다. 나처럼 아이를 낳아 키우고 있는 엄마 외에 아이를 기다리는 엄마, 아픈 아이를 돌보는 엄마, 아이를 잃은 엄마, 다른 이의 아이를 돌보는 엄마, 그리고 아직 아기가 없는 엄마 등. 많은 이들이 각기 다른 엄마의 모습으로 열심히 오늘을 살아가고 있다. 작자 미상의 이 기도문을 읽을 때마다 마음이 숙연해진다.

자녀를 위한 기도문도 있다. 더글러스 맥아더 장군의 '자녀를 위한 기도문'은 태평양 전쟁 당시 필리핀에서 쓴 것으로 매일 아침마다 온 가족이 함께 외웠다고 전해진다.

자녀가 꽃길만 걸었으면 좋겠다는 게 부모의 솔직한 심정이지만 맥아더 장군은 편안하고 안락한 길 대신 고난과 도전이 있는 길로 인도하고, 폭풍우를 이기고 실패자를 보듬어 안는 법을 배우게 해달라고 기도했다. 남을 다스리기 전에 자신을 다스릴 줄 알고, 미래로 나아가되 과거도 잊지 않게 해달라는 내용은 삶의 균형을 중시하는 부모의 마음이 담겨 있다.

함께 나누고 싶은 기도문이라 두 편 모두 전문을 소개한다.

어머니날의 기도

창조주 하나님께 기도합니다.

책임감을 느끼며 처음으로 엄마가 되는 이들을 위해,

호기심과 궁금함으로 아기를 기다리고 있는 예비 엄마들을 위해,

피곤하고, 지치고, 우울하고, 스트레스를 받고 있는 엄마들을 위해,

일과 가정의 균형을 찾기 위해 애쓰고 있는 엄마들을 위해,

가난 때문에 자녀를 잘 먹이지 못하고 있는 엄마들을 위해,

육체적, 정신적, 정서적으로 아픈 자녀를 키우고 있는 엄마들을 위해,

원하지 않는 자녀를 가진 엄마들을 위해,

자신의 자녀를 최선을 다해 돌보고 있는 엄마들을 위해,

자신의 자녀를 잃어버린 엄마들을 위해,

다른 사람의 자녀를 돌보고 있는 엄마들을 위해,

자녀가 집을 떠난 엄마들을 위해,

엄마가 되기 원하지만 아직 엄마가 되지 못한 이들을 위해 기도합니다.

세상의 모든 엄마들을 축복하소서.

그들의 사랑을 깊고 온유하게 만들어주소서.

그 사랑으로 자녀들이 선을 알고 행하도록 가르치게 하소서.

자신만을 위한 삶이 아니라

하나님과 다른 사람을 위한 삶을 살아가도록 인도하게 하소서.

아멘.

맥아더 장군의 기도

주님, 제 자녀를 이런 사람으로 키워주소서.

자신의 연약함을 인정할 수 있을 만큼 강하고 두려움을 느끼는 자신의 모습을 직면할 수 있는 용기가 있는 사람, 정직한 패배에 부끄러워하지 않고 의연하며 승리에도 겸손하고 온유한 사람이 되게 하소서.

최선을 다하지 않은 채 요행을 바라지 않게 하시고, 주 당신을 아는 것이 모든 지혜의 근본임을 알게 하소서.

제 자녀가 편안함과 안락함의 길로 가지 않게 하시고, 오히려 고난과 도전의 길을 통과하게 하소서. 그로 하여금 폭풍 한가운데서도 굳건히 서게 하시고, 어려움 가운데 쓰러진 이들이 있다면 그 마음까지 공감할 수 있는 사람으로 가르치소서.

제 자녀로 하여금 순결한 마음을 갖게 하시고, 높은 이상을 품게 하소서.

다른 사람들을 다스리기 전에 먼저 자기 자신을 다스릴 수 있는 사람이 되게 하시고, 미래를 향해 나아가면서도 결코 과거를 잊지 않게 하소서.

이 모든 것과 더불어 제 자녀에게 유머 감각을 더해주소서. 그가 언제나 삶을 진지하게 살아가되 자기 자신을 지나칠 정도로 엄격하게 대하지는 않게 하소서.

그에게 겸손함을 주소서. 그로 하여금 참된 위대함이란 소박한 것에 있음을 기억하게 하시고, 참된 지혜는 열린 마음에, 참된 힘은 오히려 약함에 있음을 잊지 않게 하소서.

저의 기도를 이루어주셔서 그의 아버지인 제가 "내가 헛되이 살지 않았구나"라고 감히 속삭이게 하소서.

미국 청소년, 대학생 추천 도서

미국 교육의 핵심은 독서와 작문이다.

미국 아이들이 책을 읽고 생각을 글로 표현하는 것은 시험을 잘 보기 위해, 좋은 대학에 들어가기 위해서가 아니다. 독서와 작문을 인간이 삶을 살아가는 데 기본적으로 필요한 능력으로 여긴다.

지역마다 차이는 있지만 각 도서관에선 매달 추천 도서를 발표하며, 학교에선 매 학년이 시작할 때 권장 도서 목록을 나눠준다. 권장 도서는 그 범위가 광대하고 연령별, 분야별로 다양해 간단히 몇 권으로 추리기 쉽지 않다.

이와 관련해 전국어린이도서관서비스협회(www.ala.org/alsc) 홈페이지에서 가장 많은 정보를 얻을 수 있다. 매년 여름 방학마다 1~3년 사이에 출간한 도서 중에서 추천 도서를 발표한다. 경우에 따라 '상실을 극복할 수 있는 책', '우울을 극복할 수 있는 책' 등 주제별 추천 도서 목록이 나오기도 한다. 다양한 종류와 주제별 도서 목록 외에도 생후 1년 전후의 아이들을 위한 동시나 노래 등을 담은 포스터, 아이를 키우는 데 필요한 정보를 무료로 다운로드받을 수도 있다.

〈타임〉은 최근 특별판을 통해 자녀교육에 필요한 내용을 집중 분석하며

'모든 연령대 자녀를 위한 최고의 책들(Best Books for Kids of All Ages)'을 발표했다. 문학 전문가들이 어린이와 청소년을 위한 고전 25가지를 엄선한 것이다.

〈타임〉의 어린이를 위한 고전 25가지에는 버락 오바마 대통령이 아이들을 백악관으로 초청해 읽어준 것으로 유명한《괴물들이 사는 나라(Where the Wild Things Are)》를 비롯해 보스턴 지역의 명물로 사랑받는 8마리의 오리 이야기를 담은《아기 오리들한테 길을 비켜주세요(Make Way for Duckings)》, 60년 넘게 사랑받고 있는《해럴드와 자주색 크레파스(Harold and the Purple Crayon)》,《아낌없이 주는 나무(The Giving Tree)》등이 리스트를 장식했다.

특히 〈타임〉은 1949년 칼데콧 수상작인 로버트 맥클로스키(Robert McCloskey)의《딸기 따는 샐(Blueberries for Sal)》과 최근 큰 인기를 누리고 있는 동화 작가 모 윌렘스(Mo Willems)의 2004년 칼데콧 수상작《비둘기에게 버스 운전은 맡기지 마세요(Don't Let the Pigeon Drive the Bus)》를 비중 있게 다뤘다.

《딸기 따는 샐》은 푸른색 계열의 펜으로만 그린 삽화로 유명하며, 엄마와 블루베리를 따러 간 아이가 어미 곰을 엄마로 착각해 따라가면서 겪는 이야기다.

모 윌렘스의 비둘기는 다양한 시리즈에 등장하며, 요즘 미국 아이들이 가장 좋아하는 동화 캐릭터 중 하나로 부상했다. 얼굴에 커다란 눈이 하나만 있는 주인공 비둘기 캐릭터가 처음엔 이상해 보였다. 그런데 딸이 네 살쯤 됐을 때 사람 옆모습을 그렸는데, 얼굴에 커다란 눈이 하나만 있었다. 모 윌렘스의 비둘기와 똑같은 모습이었다. 그의 캐릭터는 아이들 눈높이에 딱 맞는다. 아이들이 좋아할 수밖에 없다.

모 윌렘스의 동화는 한국 엄마들에게 원서로 읽을 것을 권한다. 일단 영어가 간단하고 쉽다. 하지만 마지막에 여운이 깊게 남고 독자에게 던지는 질문도 묵직하다.

권선징악의 교훈적 동화와 달리 읽고 나면 "그래서 어떻게 됐다고?" 또는 "이게 다야?" 하는 의문이 남는다. 모 윌렘스는 한 언론과의 인터뷰에서 "나는 전체 이야기의 49%만 책에 담는다. 나머지는 독자들이 만들어가길 바란다"고 했다.

한국에 사는 한 엄마가 모 윌렘스의 책《이럴 땐 어떡하지(There is a Bird on Your Head)》를 읽고 아이와 공부한 내용을 인터넷에 올린 글을 읽은 적이 있다. 이 책은 모 윌렘스의 또 다른 캐릭터인 코끼리 제럴드 머리 위에 새가 둥지를 틀었는데, 친구 피기와 제럴드가 이를 지혜롭게 해결해나가는 과정을 그렸다. 이 책과 관련한 한국어 독서 지도안(Lesson Plan)에는 "다음 중 제럴드의 머리 위에 있었던 것은?"이라는 질문에 새 그림을 찾아 붙이는 내용이 있었다. 다른 질문들도 책을 보고 답을 찾는 단편적인 것이었다.

반면 미국 교사들의 독서 지도안을 살펴보면 생각해볼 질문이 많다. 그중 몇 가지를 소개하면 이렇다. "제럴드는 머리 위의 새를 어떻게 해결했는가?" "머리 위에 새가 있을 때 제럴드는 어떤 감정을 느꼈을까?" "너에게도 머리 위에 새 같은 것이 있니?" 미국과 한국의 독서 교육이 어떻게 다른지를 보여주는 단적인 예다.

청소년 추천 고전 25가지에는 전 세계 47개 국어로 번역되어 1억 부가 팔린 C. S. 루이스의《나니아 연대기(The Chronicles of Narnia)》를 비롯해 최근 영화로 제작된 안면 기형 소년 어거스트의 이야기를 다룬 《원더(Wonder)》, 1994년 뉴베리상 수상작으로 법과 관습 그리고 자유와 선택에 관해 질문을 던지는 《기억 전달자(The Giver)》, 한국 드라마 〈별에서 온 그대〉에 나와 유명해진 《에드워드 툴레인의 신기한 여행(The Miraculous Journey of Edward Tulane)》 등이 선정됐다.

청소년 자녀를 둔 미국 부모는 자녀들을 위한 권장 도서를 읽는 경우가 많다. 특히 최근 몇 년 새 나온 신간은 아이와 함께 읽는다. 요즘 아이들의 관심사 등을 알 수 있어 자녀와의 대화에 도움이 되기 때문이다.

미국 엄마들이 유명 소설 중 너무 어릴 때 읽지 않도록 주의하는 작품이 몇 가지 있는데 대표적인 것이 해리포터(Harry Potter) 시리즈다. 〈뉴욕 타임스〉 역시 같은 부분을 지적했다. 해리포터는 1권부터 7권이 나오기까지 10년이 걸렸다. 그 덕분에 주인공이나 독자들도 세월의 흐름에 따라 성장했다. 1권에서 11세이던 해리는 7권에서 17세로 나온다.

1990년대 후반부터 2000년대 청소년들은 해리포터 시리즈가 나올 때마다 이를 기다리면서 읽었고, 일부 캐릭터가 죽음을 맞이하거나 다소 무섭고 어두운 내용이 있지만 그에 맞춰 그들도 성장했다.

하지만 요즘 아이들은 1권부터 7권까지 한 번에 읽을 수 있기 때문에 나이에 맞는 독서 지도가 더욱 필요하다. 전문가들은 보통 만 9~12세 때 1권을 읽을 것을 권한다. 아울러 이보다 조금 더 시기를 늦춰 주인공들과 비슷한 나이일 때에 읽는 것도 묘미가 있다고 조언한다.

미국에서는 엄마들이 아이가 적당한 시기에 수준에 맞는 내용에 노출될 수 있도록 해리포터 읽는 시기를 늦추려 노력하는 반면, 한국에서는 이와 반대라 아쉽다. 영문 소설의 대표작이랄 수 있는 해리포터로 아이의 영어 실력을 증명한다고 생각하는지, 초등학교 1학년 때론 이보다 빠른 유치원 시기에 읽는 것을 자랑하는 경우도 있다.

아무리 좋은 음식도 몸에 맞지 않으면 독이 된다. 특히 초등학생이나 청소년의 영어 소설 읽기는 부모의 바람직한 가이드가 중요하다.

한편, 미국 학생들의 고전 읽기는 대학교에 가서도 계속된다. 2017년 비영리 단체 '오픈 실러버스 프로젝트(Open Syllabus Project)'는 미국 대학 수업에서 사용한 교재를 집계해 순위를 발표했다. 특히 아이비리그 대학에서 많이 사용하는 책을 별도로 조사해 일반 대학과 비교할 수 있게 했다.

아이비리그 대학에서 가장 많이 사용한 교재는 플라톤의 《국가(Republic)》이며, 이는 일반 대학 교재에서도 2위를 차지했다. 새뮤얼 헌팅턴의 사회과학서 《문명의 충돌(The Clash of Civilization)》은 아이비리그 교재 2위를 기록했으나 일반 대학 순위에서는 23위로 밀려났다.

아이비리그에서 세 번째로 많이 읽는 고전은 영작문의 바이블로 통하는 윌리엄 스트렁크 주니어의 《글쓰기의 요소(The Elements of Style)》가 이름을 올렸다. 이 책은 일반 대학 순위에서 1위를 차지했다.

17세기 영국의 대표적 철학자 토머스 홉스의 《리바이어던(Leviathan)》과 르네상스 시대 철학자 마키아벨리의 《군주론(The Prince)》은 아이비리그 교재 순위에서 각각 4위와 5위, 일반 대학 순위에서는 7위와 8위를 기록했다.

미국 대학생들이 읽는 고전에 관한 정보는 오픈 실러버스 프로젝트 홈페이지(www.opensyllabusproject.com)에서 얻을 수 있다. 또한 '위대한 고전(Great Books)'을 키워드로 검색해도 미국 대학에서 추천하는 도서 목록을 찾을 수 있다. 미국에서는 1920년대 전국적으로 '위대한 고전' 읽기 운동이 광범위하게 펼쳐졌고, 미국과 캐나다 등 100여 개 대학에서 지금까지 이 전통을 이어가고 있다. 학교마다 '위대한 고전' 리스트는 조금씩 차이가 있지만 대부분 100~150권을 선정해 학생들이 읽도록 한다.

노벨상의 산실인 시카고 대학은 학부생은 물론 여름 방학을 맞은 중학생이나 고등학생을 대상으로 '위대한 고전 읽기 서머 프로그램'을 개최한다. 시카고 대학의 '위대한 고전' 목록은 한국에 '시카고 플랜'이라는 이름으로 알려져 있다.

연령에 맞는 지혜로운 책 읽기를 통해 우리 자녀들이 지적 욕구의 충족이라는 기쁨을 만끽할 수 있길 바란다.

〈타임〉 추천 어린이 고전 25권

Where the Wild Things Are (Maurice Sendak)

Frog and Toad (Arnold Lobel)

Harold and the Purple Crayon (Crockett Johnson)

Brave Irene (William Steig)

Click, Clack, Moo (Doreen Cronin)

Make Way for Ducklings (Robert McCloskey)

Alexander and the Terrible, Horrible, No Good, Very Bad Day (Judith Viorst)

Don't Let the Pigeon Drive the Bus! (Mo Willems)

The Giving Tree (Shel Sliverstein)

Corduroy (Don Freeman)

Madeline (Ludwig Bemelmans)

I Want My Hat Back (Jon Klassen)

The Story of Ferdinand (Munro Leaf)

The Snowy Day (Ezra Jack Keats)

Miss Rumphius (Barbara Cooney)

The Lorax (Dr. Seuss)

Little Bear (Else Holmelund Minarik)

Blueberries for Sal (Robert McCloskey)

Olivia (Ian Falconer)

Where the Sidewalk Ends (Shel Silverstein)

The True Story of the Three Little Pigs (Jon Scieszka)

Anno's Journey (Mitsumasa Anno)

Owl Moon (Jane Yolen)

Tuesday (David Wiesner)

Goodnight Moon (Margaret Wise)

〈타임〉 추천 청소년 고전 25권

Little House on the Prairie (Laura Ingalls)

The Sword in the Stone (T. H. White)

The Miraculous Journey of Edward Tulane (Kate DiCamillo)

The Chronicles of Narnia (C. S. Lewis)

The Curious Incident of the Dong in the Night-Time (Mark Haddon)

Wonder (R. J. Palacio)

Looking for Alaska (John Green)

Anne of Green Gables (L. M. Montgomery)

Monster (Walter Dean Myers)

Roll of Thunder, Hear My Cry (Mildred D. Taylor)

The Phantom Tollbooth (Norton Juster)

The Golden Compass (Philip Pullman)

Holes (Louis Sachar)

Charlotte's Web (E. B. White)

The Absolutely True Diary of a Part-Time Indian (Sherman Alexie)

The Giver (Lois Lowry)

The Diary of a Young Girl (Anne Frank)

From the Mix-Up Files of Mrs. Basil E. Frankweiler (E. L. Konigsburg)

Harry Potter (J. K. Rowling)

Are You There God? It's Me, Margaret. (Judy Blume)

Matilda (Roald Dahl)

The Book Thief (Marcus Zusak)

To Kill a Mockingbird (Harper Lee)

The Outsiders (S. E. Hinton)

A Wrinkle in Time (Madeleine L'Engle)

전업맘 VS. 워킹맘
우울증 진단하기

미국은 사람들의 육체적 건강과 더불어 정신적 건강, 즉 마음에도 관심이 많다. 고등학교에는 학생들을 위한 상담 교사가 있으며, 주치의처럼 상담 전문가가 가족의 마음 건강을 돌보는 경우도 많다. 출산 이후 첫 산부인과 진료를 가면 의사는 우울하지는 않은지 가장 먼저 물어본다.

사회적으로는 워킹맘보다 엄마가 된 후 많은 것을 상실하는 전업맘에게 더 관심을 가져야 한다는 입장이다. 미국에서 우울증 진단에 많이 사용하는 건강 설문지(PHQ-9)를 통해 엄마의 마음 건강을 진단해보자.

건강 설문지(Patient Health Questionnaire-9)				
지난 2주 동안 아래 나열한 증상에 얼마나 자주 시달렸습니까? (해당하는 것에 V 표를 하십시오.)	전혀 아니다 0점	며칠 동안 1점	일주일 이상 2점	거의 매일 3점
1. 무엇을 해도 흥미나 재미가 거의 없다				
2. 가라앉는 느낌, 우울감, 혹은 절망감이 든다				
3. 잠들기 어렵거나 자꾸 깬다. 혹은 너무 많이 잔다				
4. 피곤하고 기력이 떨어진 것 같다				

5. 식욕이 없거나 과식한다				
6. 나 자신이 나쁜 사람, 또는 실패자라고 느낀다. 나 때문에 나 자신이나 가족이 불행해졌다고 느낀다				
7. 신문을 읽거나 TV를 볼 때 집중하기 어렵다				
8. 다른 사람이 알아챌 정도로 거동이나 말이 느리다. 반대로 너무 초조하고 안절부절못해서 평소보다 많이 돌아다니고 서성거린다				
9. 차라리 죽는 것이 낫겠다는 생각이 들거나 어떤 방법으로든 나 스스로에게 상처 주는 생각을 한다				

_____ + _____ + _____ + _____

합계 : _____

* Drs. Robert L. Spitzer, Janet B. W. Williams, Kurt Kroenke 연구팀 자료 참고

평가

0~4점: 보통

우울증 치료 필요하지 않음.

5~9점: 주의

경미한 우울감을 느끼고 있음. 주변의 관심과 지지가 필요함. 1개월 안에 더 심해지면 전문가를 만나볼 것.

10~14점: 경미한 우울증

약한 우울증 증상을 보이고 있음. 가능하다면 자신의 상황을 주변에 알리고 심리 상담을 받아볼 것. 필요하면 정신과 의사가 약 처방을 할 수 있음.

15~19점: 우울증

전문가의 도움이 필요한 우울증. 혼자 힘으로는 극복하기 어려울 수 있음. 약 처방이나 심리 상담, 또는 둘을 병행하는 치료가 필요함.

20점 이상: 심각한 우울증

반드시 전문가를 만나 치료받아야 하는 심각한 우울증 상태. 자신의 심각한 상태를 인식하고 전문가의 도움을 받아야 함. 약 처방과 심리 상담을 병행하는 치료가 필요함.

하루에 한 가지
자녀 사랑 실천 달력

LA 카운티 지역의 아동 학대를 예방하기 위해 다양한 캠페인을 펼치고 있는 LA지역사회아동학대예방위원회(Los Angeles Community Child Abuse Prevention Councils)에서는 자녀와 돈독한 관계를 맺을 수 있는 실천 달력을 배포하고 있다.

'하루에 한 가지씩 자녀에 대한 애정 표현(Daily Acts of Kindness Towards Children)'이라는 제목의 이 달력에는 매일 한 가지, 자녀와 함께할 수 있는 여러 가지 활동이 나온다. 구체적 실천 방법이 적혀 있어 따라 하기 편하다. 한국어 번역판을 인터넷 홈페이지(www.lachildabusecouncils.org/prevention-materials)에서 다운로드받을 수도 있다. 자녀와 사랑을 쌓아갈 수 있는 특별한 달력이다. 꾸준히 실천하길 바란다.

일요일	월요일	화요일	수요일	목요일	금요일	토요일
옛날이야기 해주기/ 책 읽어주기	칭찬하고 용기 북돋아 주기	건강한 음식을 먹는 날로, 가족 식사 전통 만들기	자녀의 이야기와 꿈을 경청하는 시간을 통해 자존감 높이기	아이들이 잘하고 있는 일 칭찬하기	함께 노래 부르기	함께 그림을 그려서 냉장고에 붙여놓기
운동이나 가족 스포츠 즐기기	자녀에게만 할애하는 시간 갖기	휴식이 필요한 다른 부모를 위해 무료로 아이 돌봐주기	자녀가 듣는 곳에서 다른 사람 칭찬하기	아이들과 함께 동물원/ 미술관 방문하기	오래된 장난감을 골라 필요한 아이들에게 나눠주기	아이가 가장 좋아하는 게임 함께하기
함께 요리해서 이웃과 친구에게 나눠주기	포옹이나 하이파이브 등 애정 표현 하기	라디오를 켜고 자녀와 함께 춤추기	본인 스스로를 위해 편안한 여가 즐기기	아이들과 함께 소방서/ 도서관 방문하기	가족 모두와 포옹하기	가족과 함께 산책하기
감정을 표현하는 단어 가르치기	가족 영화를 보면서 팝콘 함께 먹기	부모 교육에 참석하기	아동 학대 의심 사항에 대한 신고 방법, 관련 사항 배우기	아이들에게 하루 중 가장 좋았던 일 물어보기	아이들에게 사랑한다고 말하기	온 가족이 함께 공원으로 소풍 가기
온 가족과 함께 저녁 식사 준비하기	자녀가 좋아하는 교과목에 대해 이야기하기	다른 가족과 함께하는 놀이 계획 세우기	이웃들과 만나는 시간 갖기	아이들과 함께 도서관에서 책 빌리기	가족만의 즐거운 밤 시간 즐기기	아이들이 고마운 사람에게 감사 카드나 편지보내는 것 도와주기

다양성을 수용하고 가치관을 심어주는

미국 엄마의 힘

1판 1쇄 발행 2019년 1월 21일
1판 2쇄 발행 2022년 11월 29일

지은이 김동희
발행인 허윤형
펴낸곳 (주)황소미디어그룹
주소 서울시 마포구 양화로26, 704호(합정동, KCC엠파이어리버)
전화 02 334 0173 **팩스** 02 334 0174
홈페이지 www.hwangsobooks.co.kr
이메일 hwangsobooks@naver.com
인스타그램 @hwangsobooks
출판등록 2009년 3월 20일 (신고번호 제 313-2009-54호)

ISBN 979-11-963699-3-4 (13590)

© 2019 김동희

아이를 제대로 키우는 것이 망가진 어른을 고치는 것보다 쉽다.

사회운동가 프레더릭 더글러스 Frederick Douglass

자신을 믿어라. 당신은 당신이 생각하는 것보다 더 많은 것을 알고 있다.

소아과의사 벤저민 스포크 Benjamin Spock

아이를 집에 머물고 싶게 하는 가장 좋은 방법은 집안 분위기를
즐거움으로 채우는 것이다. 지루함은 모두 몰아내고.

시인 도로시 파커 Dorothy Parker

무엇(What)을 배우는 것보다 왜(Why)를 아는 것이 더 중요하다.

노벨 생리의학상 수상자 제임스 왓슨 James Watson

다른 사람에게 피해를 주지 않는 한 내가 하고 싶은 대로 하라.
나의 삶으로 다른 사람을 판단하지 말라.
그렇다면 진정한 자유로움 안에서 살 수 있을 것이다.

영화배우 안젤리나 졸리 Angelina Jolie

모든 사람은 천재다. 하지만 물고기를 나무에 오르는 능력으로 평가한다면
물고기는 평생 자신을 바보라고 생각하며 살 것이다.

알버트 아인슈타인 Albert Einstein

당신의 마음속에는 특별한 공간이 있다.
아이를 사랑하기 전까진 존재하는지도 몰랐던.

소설가 앤 라모트 Anne Lamott

당신의 자녀가 스스로 정한 목표를 자신이 해낼 수 있다고 생각한다면
당신은 부모로서 성공한 것이며, 자녀에게 최고의 축복을 선사한 것이다.

자기계발 전문가 브라이언 트레이시 Brian Tracy

아이들은 어른들의 말을 잘 듣지 않는다. 하지만 어른들을 따라하는 것만큼은 잘 한다.

소설가 제임스 볼드윈 James Baldwin

꿈을 가질 때 이성적이지 않은 것은 당연하다.

노벨 경제학상 수상자 존 내시 John Nash

아이만 자라는 것이 아니라 부모도 성장한다.
우리가 자녀들의 삶을 보고 있는 것처럼 자녀들도 우리의 삶을 지켜보고 있다.
작가 조이스 메이나드 Joyce Maynard

의사는 내가 걸을 수 없을 것이라고 했다. 엄마는 그렇지 않다고 했다. 나는 엄마를 믿었다.
올림픽 육상 금메달리스트 윌마 루돌프 Wilma Rudolph

완벽하게 해낼 수 있는 사람은 없다.
온 마음으로 아이를 사랑하고, 할 수 있는 만큼 안에서 최선을 다해라.
영화배우 리즈 위더스푼 Reese Witherspoon

당신의 자녀는 당신을 통해 세상에 왔지만 당신의 소유물이 아니다.
하나의 생명이며, 인생을 통해 자신을 표현하기 원한다.
심리학자 웨인 다이어 Wayne Dyer

말로 하면 잊어버린다. 가르치면 조금 더 기억한다.
그 일을 함께 한다면 많은 것을 배울 수 있다.
정치인 벤저민 프랭클린 Benjamin Franklin

아기가 태어나면 처음 12개월은 걷고, 말하는 것을 가르치지만
이후 12개월은 앉으라고, 입을 다물라고 가르친다.
코미디언 필리스 딜러 Phyllis Diller

인생이란 당신의 자녀가 공평함과 완전함을 생각했을 때 당신을 떠올리는 것이다.
작가 잭슨 브라운 주니어 H. Jackson Brown Jr.

엄마가 된다는 것은 당신이 모르고 있었던 당신의 강인함을 발견하는 것이고,
당신이 모르고 있었던 당신 안의 두려움을 다룰 수 있게 되는 것이다.
작가 린다 우튼 Linda Wooten

우리 자녀들에게 다양성 안에 아름다움과 힘이 있다는 것을 가르쳐야 할 때이다.
시인 마야 엔젤로우 Maya Angelou

한 아이를 키우는데 한 마을이 필요하다고 하지만
가끔은 그 마을이 입을 다물고 참견을 안 했으면 좋겠다.
인기 블로거 수잔 맥린 Susan McLean